„Dieter der coole Rentner“

Kunden helfen Kunden beim Punkte sammeln

„Dieter der coole Rentner“

Kunden helfen Kunden beim Punkte sammeln

Ratgeber / Wirtschaft-Sozial-Klimaschutz

Impressum

Veröffentlichung Jahr: 2020

ISBN: 9789463986366

Autor: ***„Dieter der coole Rentner“***

„<u>KUNDEN helfen KUNDEN beim PUNKTE sammeln</u>“

Selfpublishing-Portal: Bookmundo
Gedruckt in Deutschland

Die Deutsche Nationalbibliothek verzeichnet diese Publikation in der Deutschen Nationalbibliografie *(falls zwei Pflichtexemplare an die DNB geschickt werden!).*

Inhaltsverzeichnis

Die Informationen in diesem Ratgeber werden ohne Rücksicht auf einen eventuellen Patentschutz veröffentlicht. Warennamen werden ohne Gewährleistung der freien Verwendbarkeit benutzt. Bei der Zusammenstellung von Texten und Abbildungen wurde mit größter Sorgfalt vorgegangen. Für Inhalte von „Links" bzw. Webseiten wird keine Haftung übernommen. Trotzdem können Fehler nicht vollständig ausgeschlossen werden. Verlag, Herausgeber und Autor können für fehlerhafte Angaben und deren Folgen weder eine juristische Verantwortung noch irgendeine Haftung übernehmen.

Autor: Pseudonym „Dieter der coole Rentner"

Der Ratgeber wurde vom Autor, durch verschiedene theoretische und praktische Ausbildungen im Vertriebsmarketing von 1990-1995 und durch die negativen und positiven Berufserfahrungen in allen Firmen zu DDR-Zeiten und nach der Wende bis 2019 erstellt. Durch diese beruflichen Erfahrungen und den täglichen negativen Berichten über soziale und wirtschaftliche Probleme, entstand der Ratgeber für eine bessere Zukunft. Nur wenn die Geschäftsidee "Kunden helfen Kunden beim Punkte sammeln", so "seriös" umgesetzt und angeboten wird, wie der Autor das beschrieben hat, können in Zukunft soziale und wirtschaftliche Probleme reduziert werden. Menschen verursachen in einem Land Probleme, nur Menschen können diese Probleme reduzieren, **WENN SIE ES WOLLEN!**

„Dieter der coole Rentner“

Veröffentlicht seine Geschäftsidee für eine bessere Zukunft

„KUNDEN helfen KUNDEN beim PUNKTE sammeln“

durch

Löwen-Punkte (LP)

Voraussetzung für alle:

Unternehmer, Mitarbeiter und Kunden
sind bereit zum
Lernen-Umdenken-Mitdenken
den
ALLEIN ist JEDER ein NIEMAND

Thema: Einleitung

Die Wirtschaft ist das Herz eines Staates!

Einleitung

Hallo, ich bin **„Dieter der coole Rentner“**, Urheber und Erfinder der Geschäftsidee

„KUNDEN helfen KUNDEN beim PUNKTE sammeln“
Copyright 2019 Vorschlag von Dieter Symmank

durch

Löwen-Punkte (LP)

Mit diesem Ratgeber für eine bessere Zukunft zeige ich Euch eine Alternative, die aus meinen „persönlichen positiven und negativen Erfahrungen“ entstanden ist.

1. Warum Unternehmer, Mitarbeiter und Kunden dafür bereit sein sollten zum Lernen-Umdenken-Mitdenken, denn **ALLEIN ist JEDER ein NIEMAND.**
2. Wie die Geschäftsidee „Kunden helfen Kunden beim Punkte sammeln“ entstanden ist.
3. Wie ich mir „persönlich“ die Dienstleistung und das LP sammeln vorstelle.

Es muss niemand studiert haben, um zu begreifen welchen Millionen sozialen und wirtschaftlichen Nutzen es für ein Land bringen könnte, wenn es jeden Tag von 7 Uhr bis 22 Uhr und jede Minute von Montag bis Samstag und jedes Jahr 12 Monate lang, eine „SPENDEN-AKTION“ durch LP sammeln geben würde, wo es jeden Tag viele LP-Millionäre geben könnte, die sich vielleicht sogar ein neues Auto kaufen oder sonstige größere Wünsche erfüllen könnten. Millionen Menschen in einem Land könnten selber mithelfen, Ihre Arbeitsplätze zu sichern und soziale und wirtschaftliche Probleme zu reduzieren. Niemand kann durch diesen Ratgeber in Zukunft mehr sagen, es geht nicht! **Begründung:**

Es müssen die gleichen Voraussetzungen für eine Dienstleistung zum Punkte sammeln geschaffen werden, wie bei Payback (seit 2000) und DeutschlandCard (seit 2008). Das bedeutet, es gibt Unternehmen die Fachexperten für Projekte haben und die gleichen Voraussetzungen dafür schaffen könnten (P.S. Sonst würde es Payback und DeutschlandCard logischerweise nicht geben!) nur mit einer Webseite mit einer MLM-Software für die automatische Verteilung von LP. Auch solche Firmen gibt es in Deutschland (z.B. In München und Leipzig). Wenn es diese Fachexperten nicht geben würde, dann hätte ich diesen Ratgeber nicht geschrieben. Das Problem liegt nur darin, solange die Fachexperten von Unternehmen keinen Auftrag dafür bekommen, wird sich in Deutschland auch in den nächsten 30 Jahren nichts ändern, **so einfach ist das!**

Solange wie es KEIN **„Unternehmen (Dienstleistung)“** dafür gibt, können Unternehmer diese Alternative nicht anbieten und Kunden diese Alternative nicht nutzen!!! NUR Hersteller und Anbieter von Produkten, entscheiden JA oder NEIN!

Dieser Ratgeber ist nur als Information gedacht, wie ich persönlich die Geschäftsidee „Kunden helfen Kunden beim Punkte sammeln", mit geeigneten Fachexperten und meinen negativen & positiven Erfahrungen „richtig und seriös" umsetzen und anbieten würde, damit Millionen Menschen in einer großen Gemeinschaft für eine bessere Zukunft sorgen könnten.

Jeder der diesen Ratgeber lernt zu begreifen, kann in Zukunft überprüfen, wenn jemand so eine Alternative anbietet, ob es seriös ist oder ob jemand damit nur das schnelle große Geld machen will. Das ist leider das Risiko, wenn man eine Geschäftsidee veröffentlichen muss, die einen Millionen sozialen und wirtschaftlichen Nutzen bringen könnte. **Ich kann dafür logischerweise keine Garantie übernehmen, sondern nur durch meine persönlichen Erfahrungen Hinweise und Vorschläge in diesem Ratgeber geben. Mehr kann ich leider für Euch nicht tun. Mal sehen, ob und welche Generation bereit dafür ist?**

Ich werde Ihnen in diesem Ratgeber auch beweisen, dass sich in den letzten 30 Jahren nichts geändert hat, um Arbeitsplätze zu sichern oder die sozialen und wirtschaftlichen Probleme zu reduzieren. Denn ich besitze ein Buch, was ich selber im Jahr 2005 geschrieben habe, über soziale und wirtschaftliche Probleme in Deutschland von 1990-2005 und wie diese verursacht wurden. Dieses Buch ist NIE veröffentlicht wurden, weil der Verlag der dieses Buch vermarkten wollte, leider nach dem ich 3500 Euro dafür bezahlt hatte, bereits nach 3 Monaten Insolvenz war und damit auch mein Geld weg. Deshalb werde ich Original Auszüge in diesem Ratgeber mit veröffentlichen, damit jeder sehen kann, auch von 2005-2020 hat sich nichts verbessert und es wird sich auch die nächsten 30 Jahre nichts ändern.

Dadurch könnten auch viele begreifen lernen, die diesen Ratgeber gelesen haben, warum ich diesen geschrieben habe und **„Dieter der coole Rentner"** bin und nicht **„Dieter der böse Rentner"** sein will! Ich gebe Euch eine Chance für die Zukunft!

Wer in den letzten 30 Jahren und heute die Medien verfolgt und das nicht begreift, muss entweder total blöd sein oder es nicht wollen, dass es den Menschen im Land in Zukunft besser geht. Kommunikation in Deutschland bedeutet, ich wollte mich persönlich mit Fachexperten, in aller Ruhe über diese Geschäftsidee unterhalten, wie zum Beispiel: Payback, DeutschlandCard, Auto-Hersteller, Studenten-Clubs, Medien, usw.! Es gab keinen der sich mit mir darüber unterhalten wollte, nur weil man unbekannt ist. Jetzt durch die Veröffentlichung des Ratgebers, kann von denen niemand mehr sagen, hättest Du Dich mit uns in Verbindung gesetzt, wir hätten denn Menschen helfen können. Leider sind denen sichere Arbeitsplätze und die Reduzierung von sozialen und wirtschaftlichen Problemen in Deutschland egal.

Ich hatte es geahnt, deshalb ist es mir jetzt auch egal, ob und welches Land, dafür Fachexperten hat und den Millionen Menschen im Land helfen will. Ich werde den Markt im Hintergrund beobachten und sehen, ob und was passiert.

Deshalb ist es mir egal, ob die Menschen in Deutschland auch in den nächsten 30 Jahren darüber nur sinnlos diskutieren, ausreden suchen oder warten, ob ein anderes Land meine Geschäftsidee „Kunden helfen Kunden beim Punkte sammeln", genauso umsetzt und anbietet, wie ich es mir persönlich mit LP sammeln vorstelle. Ich könnte diese Geschäftsidee in einen Papiercontainer werfen und irgendwann mit ins Grab nehmen, wenn ich **„Dieter der böse Rentner"** wäre, weil ich keine Ahnung von Smartphone, YouTube, Twitter, Facebook, etc. und auch kein Talent als Autor habe, bekomme 967,-- Euro Rente im Monat mit der man auch nicht viel anfangen kann. Aber ich werde mir die Mühe machen und versuchen den Menschen durch diesen Ratgeber eine Chance für eine bessere Zukunft zu geben, mehr kann ich leider auch nicht machen.

Durch die Google-Suche habe ich „bookmundo" gefunden, über die Bücher veröffentlicht werden können. Sollte es einmal diesen Ratgeber geben, dann habe ich es geschafft und es hat mit Anbieter funktioniert. Ich werde dann im Hintergrund nur noch den Markt beobachten, ob und wann die Menschen anfangen, die Geschäftsidee „Kunden helfen Kunden beim Punkte sammeln" zu begreifen.

Mein Ziel war eigentlich, eine Geschäftsidee „Made in Germany", aber leider sind bzw. waren alle, mit denen ich in Deutschland versucht habe Kontakt aufzunehmen, im Denken noch nicht soweit, was auch in den Medien bereits oft gesagt wurde. Seit ich berufstätig war, habe ich mich mit der Wirtschaftspolitik beschäftigt, aber leider hat man als unbekannter „Hobby-Marketing-Experte" keine Chance mit anderen Fachexperten Ideen „richtig und seriös" umzusetzen, wegen der schlechten Kommunikation oder man müsste Millionär sein!

Deshalb werde ich dafür sorgen, dass auch andere Länder davon erfahren. Denn es gibt für Millionen Menschen in vielen Ländern nur das gleiche Problem:

Solange wie es KEIN **„Unternehmen (Dienstleistung)"** dafür gibt, können Unternehmer diese Alternative nicht anbieten und Kunden diese Alternative nicht nutzen!!! NUR Hersteller und Anbieter von Produkten, entscheiden JA oder NEIN!

Ob und welches Land besitzt dafür zuerst „geeignete Fachexperten"?

Für „ALLE Länder" die „geeignete Fachexperten für das Projekt haben", um danach eine Dienstleistung zu gründen für Millionen Menschen in diesem Land, die sich durch LP sammeln gegenseitig helfen könnten!

Meine Geschäftsidee, wäre und ist eine neue Dienstleistung für die Zukunft?

Beispiele:
Löwen-Punkte – Deutschland?
Löwen-Punkte – Polen?
Löwen-Punkte – Österreich?
Löwen-Punkte – USA usw., usw., usw.?

Kann Deutschland den Heimvorteil nutzen??? P.S. Ich glaube nicht daran!

„Die vielleicht größte Gelegenheit in der Geschichte der Welt, zum Punkte sammeln?

Wenn in Zukunft in einem Land auf der Welt, meine Geschäftsidee für eine neue Dienstleistung, so umgesetzt und angeboten wird, wie ich es mir „persönlich" vorstelle, hätte jeder 3 Möglichkeiten in einer **„freien sozialen Marktwirtschaft"**:

1. **Er sammelt gar keine Punkte und bietet auch keine Punkte an!**
2. Er nutzt Angebote, die es bis heute gibt, wo man durch Kundenkarten, Kreditkarten, Punktekarten, Payback, DeutschlandCard, etc. ganz **„ALLEIN"** Rabatte oder Punkte bekommt!
3. Er bietet in Zukunft LP an oder nutzt die „SPENDEN-AKTION" zum LP sammeln. Als zusätzliche „Motivation" die Chance „pro Aktion" von „1 LP bis über 1 Millionen LP" bei jeder Benutzung der LP-Karte oder Smartphone zu erhalten! So eine „spannende-soziale-wirtschaftliche-klimafreundliche" Möglichkeit zum Punkte sammeln, wo sich vielleicht einige Kunden im Monat sogar ein neues Auto kaufen oder sich sonstige größere Wünsche erfüllen könnten, **gibt es bis heute leider noch NICHT!**

Meine persönliche Meinung über Prospekte und Klimaschutz!

Jeder kennt die Prospekte mit Produkten die Woche für Woche mit Einzelaktionen zur Auswahl kostenlos durch Prospektverteiler in den Briefkästen, Treppen, usw. verteilt werden. Millionen Prospekte werden als Müll produziert und bringen nur einen geringen sozialen und wirtschaftlichen nutzen.

P.S. Ich habe in Landshut in einem Mehrfamilienhaus gewohnt, weil die Prospektverteiler die Prospekte nicht in die Briefkästen gesteckt haben, sondern auf die Treppe (Unfallgefahr) wurde dafür ein Regal zur Verfügung gestellt. Bevor es neue Prospekte gab, habe ich von 20 Prospekt-Paketen jede Woche ca. 15 -17 davon im Papiercontainer entsorgt! Für diesen Ratgeber eine persönliche Erfahrung zum Thema Klimaschutz!

Deshalb jetzt auch an alle studierten Fachexperten die sich mit Klimaschutz und Produktwerbung mit Prospekten beschäftigen. Ihr habt danach folgende Möglichkeiten, Ihr könnt darüber sinnlos diskutieren, meckern, nach ausreden suchen das ich nicht Recht habe, oder begreifen lernen, welcher Millionen sozialer, wirtschaftlicher und klimafreundlicher Nutzen in meiner Geschäftsidee „Kunden helfen Kunden beim Punkte sammeln" für eine bessere Zukunft steckt. In Zukunft könnten alle Prospekte „Digital" mit bis zu 10, 50, 100 bis 500 LP-Einzelaktionen zum LP sammeln als Belohnung für Smartphone- und PC-Benutzer angeboten werden! **Ganz einfach - ODER?**

Hier meine „persönlichen“ Erfahrungen zu den Sonderangeboten!

Ich bin 1 Kunde, der sich die Prospekte jede Woche angeschaut hat und das 12 Monate lang, bevor ich einkaufen gegangen bin. **Die Wahrheit ist, durch die Nutzung von Sonderangeboten 12 Monate lang, habe ich zwar eingespart, aber man merkt es finanziell nicht, denn man kann sich nach 12 Monaten trotzdem keine größeren Wünsche erfüllen.**

Seit 2000 gibt es die Dienstleistung Payback und ich habe vor 15 Jahren angefangen, damit Punkte zu sammeln. Aber ich wollte wissen, was kommt in 12 Monaten dabei raus und ob man sich von dem Taschengeld einen größeren Wunsch erfüllen könnte. Das bedeutet ich habe mir die Punkte nach ca. 12 Monaten auszahlen lassen. Dadurch konnte ich folgendes feststellen: Ich hatte in 12 Monaten Taschengeld in der Hand, wo ich bestimmen konnte für was ich das wieder ausgebe! **Das bedeutet, es war eine winzige Verbesserung, als wenn man 12 Monate keine Punkte sammelt!**

P.S. Ich konnte bis heute als Payback-Kunde **keine** Probleme feststellen.

Aber dadurch ist auch diese „einfache Geschäftsidee“ entstanden, denn wenn ich „ganz allein“ 12 Monate Punkte gesammelt habe, dann sah mein „persönliches Ergebnis“ der letzten 3 Jahre so aus,

36 Monate = 190,-- Euro Auszahlung

2016 = 6000 Payback-Punkte = 60,-- Euro Auszahlung
2017 = 8000 Payback-Punkte = 80,-- Euro Auszahlung
2018 = 5000 Payback-Punkte = 50,-- Euro Auszahlung

P.S. „Langweilig“ und es fehlt eine „Motivation“, wenn man „ganz allein Punkte“ sammelt. Für mich ist es nun einmal logisch, ALLEIN ist JEDER ein NIEMAND! Ich konnte in 15 Jahren nicht ein einziges Mal JUBELN!

Deshalb richte ich auch ein „persönliches“ Wort an alle Unternehmer, Mitarbeiter und Kunden.

Eurer **„Dieter der coole Rentner“.**

Viel Erfolg beim Lernen-Umdenken-Mitdenken, denn

ALLEIN ist JEDER ein NIEMAND!

P.S. Es gibt viele Bücher, wo Fachexperten, ein Film daraus gemacht haben. Vielleicht gibt es Unternehmer und Fachexperten, die aus diesem Ratgeber eine Dienstleistung für eine bessere Zukunft schaffen könnten?

„Dieter der coole Rentner"

Veröffentlicht seine Geschäftsidee für eine bessere Zukunft

„<u>KUNDEN helfen KUNDEN beim PUNKTE sammeln</u>"

durch

Löwen-Punkte (LP)

Voraussetzung für alle:

Unternehmer, Mitarbeiter und Kunden
sind bereit zum
Lernen-Umdenken-Mitdenken
den
ALLEIN ist JEDER ein NIEMAND

Thema:

Ein persönliches Wort, an alle Unternehmer die Produkte herstellen und verkaufen!

<u>Die Wirtschaft ist das Herz eines Staates!</u>

An alle Unternehmer die Produkte herstellen und verkaufen!

Hallo, ich **„Dieter der coole Rentner“** richte jetzt ein **„persönliches Wort“** in diesem Ratgeber, zuerst an alle Unternehmer, die an der Herstellung von Produkten und an Unternehmer, die im Einzelhandel für den Verkauf verantwortlich sind, die jede Woche in allen Prospekten zum Verkauf angeboten werden und bereit sind zum

LERNEN – UMDENKEN – MITDENKEN

denn

ALLEIN ist JEDER ein NIEMAND!

Die Begründung dafür ist ganz einfach:

Die Wirtschaft ist das Herz eines Staates!

Logisch, OHNE Unternehmer kann in keinem Land die Wirtschaft funktionieren, es gebe keine Arbeitsplätze und keine Produkte und dadurch logischerweise auch keine Steuereinnahmen, deshalb seid Ihr die allerwichtigsten Menschen in einem Land! Es gebe keine Politiker in einem Land ohne Unternehmer, deshalb verstehe ich nicht, warum Ihr das bis heute nicht verstanden habt? Ihr könnt jetzt, durch diesen Ratgeber entscheiden, ob es Millionen Menschen im Land, in Zukunft besser gehen soll oder nicht!

Dabei ist das doch ganz einfach! Unternehmer sorgen für Steuereinnahmen und für Millionen Arbeitsplätze und verdienen Ihr Geld durch die Herstellung und Verkauf von Produkten. **Aber OHNE Mitarbeiter und Kunden würdet Ihr keinen Cent verdienen oder Gewinne machen! Ganz einfach – ODER?**

Politiker dagegen verdienen und bedienen sich durch Diätenerhöhungen von den Steuergeldern. Aber was machen einige Politiker jedes Jahr? Seit über 30 Jahre, werden jedes Jahr über 30 Milliarden sinnlos verschwendet, ohne dafür bestraft zu werden und niemand unternimmt etwas dagegen. Weil in vielen Ländern Politiker Ihre Machtgier demonstrieren, gibt es viele Kriege, Flüchtlinge, Rassismus und Ausländerfeindlichkeit und viele soziale und wirtschaftliche Probleme. Wenn ich jeden Tag die Medien verfolge, weiß ich das Politiker die an der Macht sind, nie für eine bessere Zukunft sorgen können, sondern dafür sorgen das alles noch schlechter wird.

Wie lange, wollt Ihr noch zuschauen?

<u>Die Wirtschaft ist das Herz eines Staates!</u>

Mit Steuergeldverschwendungen, Benzinpreiserhöhungen, Strafzöllen, Dieselskandalen, Mietsteigerungen, sinnloser Flüchtlingspolitik, sinnloser Diskussion in allen Medien über soziale und wirtschaftliche Probleme, sowie Klimaschutz ohne Lösungen, usw. **kann man in Zukunft keine umweltfreundlichen Autos verkaufen oder Arbeitsplätze sichern**! In Deutschland und anderen Ländern hat das bis heute noch keiner begriffen!

P.S. Wenn Sie diesen Ratgeber gelesen haben, dann können Sie entscheiden, ob ihnen die Mitarbeiter die jeden Monat schuften, damit die Produkte die Sie herstellen und dann in den Prospekten zum Verkauf angeboten werden, in Zukunft egal sind oder nicht!

Aus meiner beruflichen Erfahrung weiß ich, dass durch Kommunikationsprobleme und fehlender Motivation, es vielen Mitarbeitern egal ist, ob die Produkte, die hergestellt werden verkauft werden oder nicht. Hauptsache Sie bekommen am Ende des Monats Ihren Lohn/Gehalt! Deshalb gibt es erst Probleme, wenn Mitarbeiter entlassen werden müssen, wenn durch verschiedene Ursachen weniger Produkte verkauft werden.

Prägen Sie sich deshalb folgendes ein, wenn Sie in Zukunft die Medien verfolgen, <u>nur Sie können etwas dagegen TUN - WENN SIE ES WOLLEN</u>:

- **Es ist eine Schande**, wenn in einem Land berufstätige Familien oder Alleinstehende mit Kindern nicht wissen, wie Sie jeden Monat über die Runden kommen sollen.
- **Es ist eine Schande**, wenn in einem Land Millionen Menschen NUR leben um zu arbeiten, und jeden Monat schuften um zu überleben ohne die vielen schönen Freizeitmöglichkeiten nutzen zu können, weil Sie kein Taschengeld dafür haben!
- **Es ist eine Schande**, wenn Millionen mit Kindern und Familien nicht die vielen schönen Freizeitmöglichkeiten nutzen können, obwohl Sie jeden Monat schuften oder jetzt Rentner sind, aber dafür kein Taschengeld haben. Dagegen leben einige Unternehmer in „Saus und Braus“!

Deshalb wäre „Kunden helfen Kunden beim Punkte sammeln“ eine „spannende – soziale - wirtschaftliche – klimafreundliche“ Motivation für alle Mitarbeiter, die an der Herstellung und Verkauf von Produkten arbeiten.

Viele Straftaten und kriminelle Handlungen werden begangen, nur weil Millionen Menschen arbeiten gehen und trotzdem zu wenig Taschengeld haben, um auch das Leben genießen zu können. **Helfen Sie mit, diese Probleme zu reduzieren!**

Wie könnte Rassismus und Ausländerfeindlichkeit reduziert werden?

P.S. In allen Ländern, arbeiten Millionen Menschen aus verschieden Nationalitäten an der Herstellung von Produkten und Dienstleistungen. Trotzdem gibt es überall Rassismus und Ausländerfeindlichkeit, weil Politiker versagt haben etwas dagegen zu tun. Deshalb wird es Zeit, das Fachexperten und Unternehmer Ihren Verstand benutzen und begreifen, **OHNE** diese Menschen könntet Ihr keine Gewinne erzielen und Produkte herstellen, die Woche für Woche in den Prospekten angeboten werden. Jeder von Euch kennt viele Gründe für den Rassismus in Deutschland!

Da bis heute einige Politiker, die aus Machtgier diese Probleme mit verursachen, zeige ich Euch eine Alternative etwas dagegen zu tun. Das bedeutet, ich werde im Hintergrund durch Internet und Medien verfolgen, ob Ihr diesen Ratgeber verstanden habt oder nicht! Meine persönliche Meinung, wer in einem Land Produkte herstellt mit Mitarbeitern aus verschiedenen Ländern, kann mithelfen etwas gegen Rassismus zu tun. Ihr müsst lernen folgende Geschäftsidee **„Kunden helfen Kunden beim Punkte sammeln“** zu begreifen.

Man bekommt LP, davon behält man LP „selber“ und „SPENDET“ automatisch und „anonym“ LP an andere LP-Kunden. Das könnte jeden Tag von 7 Uhr bis 22 Uhr und jede Minute und von Montag bis Samstag, jedes Jahr 12 Monate lang passieren. Durch eine „seriöse Alternative“ für mehr Taschengeld sorgen.

Es wäre eine „Motivation“ zum LP sammeln!

1. **NIEMAND weiß, mit wem seine LP in Deutschland geteilt werden oder welchen Beruf er ausübt oder Nationalität er angehört!!!**
2. **NIEMAND weiß, von wem er LP bekommt!!!**
3. **NIEMAND weiß, wie viel und welche Produkte von Kunden gekauft oder welche Dienstleistungen genutzt wurden und wie viel LP es dafür für die Verteilung gegeben hat!!!**
4. **Aber jeder wäre bereit, „anonym“ LP zu SPENDEN um anderen zu helfen!**

Jeden Tag könnte es viele Durchgänge und somit viele LP-MILLIONÄRE geben!!! P.S. Ich bin weder linksradikal, rechtsradikal oder ein Nazi, sondern das verstehe ich unter Demokratie für alle Menschen, die in einem Land leben und arbeiten. Wer damit ein Problem hat, egal aus welchen Gründen, wäre dafür nicht geeignet und gehört zur Gruppe B oder C im Land.

Unternehmer lernt endlich zu begreifen, die wichtigsten Menschen für Euch im Land sind die Mitarbeiter und Kunden, die Eure Produkte herstellen und kaufen, egal aus welchen Länden! ALLE müssen Lernen-Umdenken-Mitdenken, denn ALLEIN ist JEDER ein NIEMAND! Ihr könnt OHNE diese Menschen keine Millionen Gewinne erzielen! Nicht einen CENT verdienen!

Hier mein Vorschlag, der in Zukunft umsetzbar wäre:

Unternehmer die diesen Ratgeber verstanden haben, beauftragen Fachexperten, die die Voraussetzungen für folgendes Projekt erstellen:

Geschäftsidee für eine bessere Zukunft?

*1. Schritt - **PROJEKT***
„KUNDEN helfen KUNDEN beim PUNKTE sammeln“ Copyright 2019 Vorschlag von Dieter Symmank

Vorschläge dafür gibt es in diesem Ratgeber.

Als nächstes erfolgt der 2. Schritt:

*2. Schritt - **Dienstleistung***
LÖWENEN-PUNKTE GMBH - DEUTSCHLAND

Vorschläge dafür gibt es ebenfalls in diesem Ratgeber.

Danach könnten LP-Anbieter und LP-Kunden sich gegenseitig helfen. Für alle gibt es dann im ABO, monatlich eine Zeitschrift (P.S. Zeitschrift normal und Digital auf der Webseite). Berichte über Menschen, die verstanden haben, wie man gemeinsam für eine bessere Zukunft sorgen könnte!

In dieser Zeitschrift wird monatlich folgendes berichtet:

- Über Unternehmen LP-Anbieter, die auf Produkte und Dienstleistungen LP vergeben, die mithelfen wollen in Zukunft Arbeitsplätze zu sichern und soziale und wirtschaftliche Probleme zu reduzieren.
- Über LP-Kunden die Produkte und Dienstleistungen benötigen, wo es LP gegeben hat, können darüber berichten und Ihre Meinungen veröffentlichen.
- Über die monatliche Statistik und Erfolge durch die Gemeinschaft von Fachexperten, LP-Anbietern und LP-Kunden die gemeinsam die Zukunft verbessern wollen.
- Ob und welche Vorschläge und Verbesserungen für die Zukunft von Fachexperten, Unternehmer, Mitarbeiter und Kunden eingereicht wurden und durch Abstimmung umgesetzt werden.

Mein Vorschlag an Euch ist ganz einfach:

Unternehmer (Hersteller und Anbieter von Produkten) sorgen dafür, das Fachexperten erst das Projekt erarbeiten und danach Fachexperten eine Dienstleistung gründen können, wie zum Beispiel eine „Löwen-Punkte GmbH-Deutschland".

Diese Dienstleistung wird durch Jahresgebühren finanziert!

Das bedeutet, Millionen Menschen (Fachexperten, Unternehmer, Mitarbeiter und Kunden) in einem Land, haben dadurch die Möglichkeit „Stammkunden" zu werden, solange Sie selber mithelfen wollen, in Zukunft Arbeitsplätze zu sichern durch LP sammeln und automatisch LP zu „SPENDEN" um soziale und wirtschaftlich Probleme zu reduzieren.

Alle wären somit eine Gemeinschaft, die begriffen und gelernt haben, ALLEIN ist JEDER ein NIEMAND! Durch die Jahresgebühr entscheidet jeder selber, ob und wie lange er mithelfen möchte, gilt für LP-Anbieter und LP-Kunden.

Es ist leider eine Schande, wenn es in einem Land so viele Universitäten gibt und noch keiner bis heute auf diese einfache Geschäftsidee gekommen ist, um in Zukunft viele Arbeitsplätze zu sichern. Ich kann jetzt folgendes behaupten, niemand kann heute mehr in Deutschland sagen, es gebe keine „Alternative" für die Zukunft durch "Kunden helfen Kunden beim Punkte sammeln", wo es jeden Tag viele LP-Millionäre geben könnte!

Begründung: Wenn es **NICHT** möglich wäre, dann dürfte es in Deutschland keine Dienstleistungen zum Punkte sammeln, wie "Payback" (seit 2000) und "DeutschlandCard" (seit 2008) und das wichtigste, Firmen die eine Webseite mit einer MLM-Software, für die automatische Verteilung von LP geben. P.S. Es gibt in München und in Leipzig Firmen die angeblich, so etwas programmieren könnten. Beide haben mir unabhängig voneinander am Telefon gesagt, man kann heute alles programmieren, es könnte aber Millionen kosten.

Deshalb soll diese Geschäftsidee durch Jahresgebühren finanziert werden. Die Tochterfirmen Payback und DeutschlandCard, wurden auch von Firmen gegründet die solche Projekte erarbeiten. Es müssen sich nur die Unternehmer die Produkte herstellen und Unternehmer die Produkte verkaufen, die in den Prospekten angeboten werden sich einig sein und ebenfalls begreifen:

ALLEIN ist JEDER ein NIEMAND!

und

Die Wirtschaft ist das Herz eines Staates!

Ob und welches Land besitzt dafür zuerst Fachexperten?

P.S. Ich werde den Markt beobachten mit Hut und Sonnenbrille im Hintergrund, ob und wann Ihr diesen Ratgeber für eine bessere Zukunft verstanden habt. Politiker werden Euch und den Menschen im Land nicht helfen. Ihr seid für die Wirtschaft im Land verantwortlich und deshalb sorgt endlich dafür, dass diese funktioniert! Jetzt könnt Ihr durch den Ratgeber eine Alternative lernen und niemand kann mehr sagen, es wäre nicht möglich! Da ich mich mit Marketing beschäftige, weiß ich, dass wenn nur 1 Land auf der Welt die Geschäftsidee "Kunden helfen Kunden beim Punkte sammeln", genauso umsetzt und anbietet, wie ich es mir "persönlich" vorstelle, dann ist mein Ziel erreicht! Spätestens nach 3 Monaten, wenn es jeden Tag, mehrere LP – Millionäre geben wird, erfahren es auch viele andere Länder! Dann beginnt:

"Die vielleicht größte Gelegenheit in der Geschichte der Welt zum LP sammeln"?

WENN SIE ES WOLLEN!

Geschäftsidee für eine bessere Zukunft?

*1. Schritt - **PROJEKT***
„KUNDEN helfen KUNDEN beim PUNKTE sammeln" Copyright 2019 Vorschlag von Dieter Symmank

*2. Schritt - **Dienstleistung***
LÖWENEN-PUNKTE GMBH - DEUTSCHLAND

*3. Schritt - **LP-Anbieter***

*4.Schritt - **LP-Kunden***

Lesen Sie diesen Ratgeber durch und Denken einmal in Ruhe darüber nach!

Mein „persönlicher" Traum wäre, ich möchte es noch erleben, 12 Monate lang in Deutschland „spannend–sozial-wirtschaftlich–klimafreundlich" LP sammeln zu können, um zu sehen, wie vielen Menschen in 12 Monaten dadurch geholfen wurde!

Eurer „Dieter der coole Rentner"!

Unglaublich, aber so einfach wäre meine Geschäftsidee:

„Kunden helfen Kunden beim Punkte sammeln“
durch
Löwen-Punkte (LP)

Logisch: Jeden Tag von 7 Uhr bis 22 Uhr und jede Minute stehen in Deutschland Millionen Kunden irgendwo an der Kasse und bezahlen Produkte! Das bedeutet, jede Minute könnten sich Millionen Kunden gegenseitig beim Punkte sammeln helfen!

Wenn je nach Produktanbieter, es bis 10, 50, 100 bis 500 Einzelaktionen zum LP sammeln zur Auswahl geben würde, die bis heute jede Woche in den Prospekten angeboten werden. So wie ich es in diesem Ratgeber beschrieben habe, dann würde es jeden Tag viele LP-Millionäre geben!

JEDER Unternehmer der Produkte herstellt und anbietet und das nicht begreift, hat bis heute noch nicht begriffen, was Marktwirtschaft bedeutet und welche Möglichkeiten es schon seit vielen Jahren gibt. Deshalb konnten diese, durch „DUMMHEIT“ oder „UNWISSENHEIT“ leider bis heute nicht **„richtig und seriös“** genutzt werden!

Bevor Fachexperten nicht den Auftrag bekommen, dafür zu sorgen das Millionen Menschen im Land selber mithelfen könnten Ihre Arbeitsplätze zu sichern und soziale und wirtschaftliche Probleme zu reduzieren, werden die Ihren Verstand nicht benutzen! Den Fachexperten ist es egal, ob Ihr Arbeitsplätze sichert und wie Ihr Eure Produkte verkauft! Die haben bis heute in den Universitäten nicht folgendes gelernt

Die Wirtschaft ist das Herz eines Staates!

P.S. Unternehmer, das ist Eure Chance für die Zukunft! Wenn ich Millionär wäre, dann hätte ich selber dafür gesorgt, dass diese Geschäftsidee so umgesetzt wird, wie ich es mir persönlich vorstelle. Leider kann ich als Rentner nur noch den Markt beobachten, ob es zufällig eine oder mehrere Personen gibt, die mit diesem Ratgeber die Zukunft verbessert könnten, die alles gelesen und verstanden haben.

„Dieter der coole Rentner“

Veröffentlicht seine Geschäftsidee für eine bessere Zukunft

„<u>KUNDEN helfen KUNDEN beim PUNKTE sammeln</u>“

durch

Löwen-Punkte (LP)

Voraussetzung für alle:

Unternehmer, Mitarbeiter und Kunden
sind bereit zum
Lernen-Umdenken-Mitdenken
den
ALLEIN ist JEDER ein NIEMAND

Thema:

An alle Mitarbeiter, die an der Herstellung und im Verkauf von Produkten arbeiten, die in den Prospekten angeboten werden.

<u>Die Wirtschaft ist das Herz eines Staates!</u>

Hallo, ich **„Dieter der coole Rentner“** richte jetzt ein **„persönliches Wort“** in diesem Ratgeber, **an alle Mitarbeiter in Unternehmen, die an der Herstellung und im Verkauf von Produkten arbeiten, die jede Woche in allen Prospekten zum Verkauf angeboten werden und bereit sind zum**

LERNEN – UMDENKEN – MITDENKEN

denn

ALLEIN ist JEDER ein NIEMAND!

Die Begründung dafür ist ganz einfach:

<u>Die Wirtschaft ist das Herz eines Staates</u>!

Mit Steuergeldverschwendungen, Benzinpreiserhöhungen, Strafzöllen, Dieselskandalen, Mietsteigerungen, sinnloser Flüchtlingspolitik, sinnloser Diskussion in allen Medien über soziale und wirtschaftliche Probleme, sowie Klimaschutz ohne Lösungen, usw. kann man in Zukunft keine umweltfreundlichen Autos verkaufen oder Arbeitsplätze sichern. In Deutschland und anderen Ländern hat das bis heute noch keiner begriffen!

Ich habe durch meine lebenslangen beruflichen Erfahrungen, für Euch diese Geschäftsidee „Kunden helfen Kunden beim Punkte sammeln“ erarbeitet. Da ich bereits 66 Jahre und Rentner bin, weiß ich nicht, ob ich selber in Deutschland noch die Chance bekomme LP in Zukunft zu sammeln! **Deshalb habe ich mir die Mühe gemacht diesen Ratgeber zu schreiben, damit die Welt davon erfahren kann, wie man es besser machen könnte.**

Dadurch kann jeder genauso wie ich, durch die Medien den Markt beobachten, ob und in welchem Land diese Alternative, so umgesetzt und angeboten wird, wie ich es mir „persönlich“ vorstelle. Dann ist es nur noch eine Zeitfrage bis viele Länder diese Alternative ebenfalls anbieten. Es müssen natürlich erst die richtigen Menschen in einem Land davon erfahren.

Tipp: Durch die Medien weiß ich, dass es Smartphone-Benutzer gibt, die Ahnung haben, wie man gute Ideen durch die Netzwerke schnell verbreiten kann. Aus persönlicher Erfahrung weiß ich aber auch, dass es Menschen gibt, die immer glauben das schnelle große Geld machen zu können.

Durch diesen Ratgeber könnt Ihr immer nachlesen, wenn es in Zukunft einmal diese Alternative geben sollte, ob alles genauso angeboten wird, wie ich es beschrieben habe und ob es so funktioniert. <u>Es geht um Eure Zukunft</u>!

Es wäre eine Alternative für Stammkunden!

Wenn es so eine Dienstleistung gibt, dann entscheidet Ihr durch eine Jahresgebühr, ob und wie lange Ihr selber als Stammkunde mithelfen wollt, Arbeitsplätze zu sichern und soziale und wirtschaftliche Probleme zu reduzieren. Der Vorteil durch die Jahresgebühr besteht darin, jeder könnte diese Alternative 12 Monate ausprobieren und danach entscheiden, ob er wieder für 12 Monate verlängert oder nicht. Es ist vollkommen normal, dass viele Dienstleistungen durch Jahresgebühren finanziert werden.

Leider gibt es Dienstleistungen, wo man als Kunde, wie der „letzte Arsch" auf Deutsch gesagt behandelt wird und es gibt aber auch Dienstleistungen, wo alles SUPER funktioniert! Jeder hat genauso wie ich, selber schon positive oder negative Erfahrungen gesammelt oder kennt einige durch die Medien.
Die Aufgabe für die Dienstleistung besteht darin, Millionen zufriedene Stammkunden in einem Land zu gewinnen, die sich gegenseitig helfen wollen, um gemeinsam in Zukunft durch neue Alternativen soziale und wirtschaftliche Probleme zu reduzieren, **OHNE sinnlose Diskussionen!** Jeder sollte aber immer selber entscheiden, ob und wie lange er zu so einer Gemeinschaft gehören will.

P.S. Meine „persönliche" Meinung als „Dieter der coole Rentner":

Es ist eine Schande, wenn in einem Land, berufstätige Familien oder Alleinstehende mit Kindern nicht wissen, wie Sie jeden Monat über die Runden kommen, weil durch Fachexperten für Millionen Menschen keine Alternativen angeboten werden.
Es ist eine Schande, wenn in einem Land Millionen Menschen NUR leben um zu arbeiten, und jeden Monat schuften, um zu überleben, ohne die vielen schönen Freizeitmöglichkeiten nutzen zu können, weil Sie kein Taschengeld dafür haben.
Es ist eine Schande, wenn Millionen mit Kindern und Familien, nicht die vielen schönen Freizeitmöglichkeiten nutzen können, obwohl Sie jeden Monat schuften, aber dafür kein Taschengeld haben! Jeder der diesen Ratgeber gelesen hat, kann nicht mehr sagen, es geht nicht in Zukunft neue Alternativen zu schaffen oder es wäre nicht möglich!
Es ist eine Schande, wenn Millionen Rentner, die ein Leben lang geschuftet haben, damit einige Unternehmer in Saus und Braus leben können, aber selber das Rentenalter nicht genießen können!
Es ist eine Schande, wenn Fachexperten für Millionen Menschen, die berufstätig oder Rentner sind keine **„seriösen"** Alternativen anbieten für mehr Taschengeld!
Es ist eine Schande, wenn Millionen Menschen aus verschiedenen Ländern gemeinsam an der Herstellung von Produkten arbeiten, OHNE die niemals ein Unternehmen zum Beispiel Autos herstellen und dadurch Arbeitsplätze schaffen könnte und ständig durch TV und Medien berichtet wird, über Hetze, Straftaten, Tote in einem Land, weil Politiker seit über 30 Jahre versagt haben und bis heute noch nicht verstanden haben

Die Wirtschaft ist das Herz eines Staates!

Ich kenne kein Land, wo Produkte hergestellt und Dienstleistungen angeboten werden, OHNE Menschen aus verschieden Ländern, die in diesem Land leben!

Warum gibt es aber seit über 30 Jahren Ausländerfeindlichkeit? TV und andere Medien berichten ständig darüber, über Hetze, Straftaten, Tote, Ausländerfeindlichkeit?

P.S. Meine persönliche Meinung an alle Mitarbeiter, egal aus welchen Ländern, die an der Herstellung von Produkten und in Dienstleistungen in Deutschland arbeiten zum Thema Ausländerfeindlichkeit! Ihr entscheidet, ob Ihr in den nächsten 30 Jahren so weiter macht oder ob Ihr bereit seid, zum Lernen-Umdenken-Mitdenken!

Ich gehöre keiner Partei und auch keiner Religion an, weil es überall Menschen gibt, die anderen Schaden zufügen! Deshalb sollte sich jeder diesen Satz merken:

„Kein Mensch wird zum Verbrecher geboren"!

Das bedeutet, wir brauchen eine **„Alternative"** um die Ausländerfeindlichkeit zu reduzieren, weil logischerweise die Wirtschaft in keinem Land funktionieren kann, **OHNE** Menschen die aus verschiedenen Ländern dafür arbeiten bzw. berufstätig sind. Durch meine persönlichen Erfahrungen kenne ich einige Ursachen dafür. Ich werde versuchen Euch das zu erklären und natürlich auch Vorschläge machen und Ihr entscheidet, ob die Euch egal sind oder nicht. **Ganz einfach – ODER?**

P.S. Wenn ich persönlich in einem anderen Land arbeiten gehen und dort leben würde, dann muss ich die Menschen in diesem Land achten und mich an die Regeln und Gesetze dieses Landes halten! Ich darf in diesem Land keine Straftaten begehen, Hetze betreiben, Drogen verkaufen oder Diebstähle begehen. <u>Ansonsten habe ich in diesem Land nichts zu suchen</u>. Das muss ich wissen, bevor ich in einem anderen Land arbeiten gehe. Das gleiche gilt für mich, wenn ich in einem anderen Land nur URLAUB mache.

JEDER der das nicht kapiert, muss aus diesem Land ausgewiesen werden!

Ich habe in meiner beruflichen Laufbahn bis 65, in vielen Unternehmen mit Ausländern aus verschiedenen Ländern gearbeitet und auf Arbeit nie damit Probleme gehabt. Das bedeutet, es gibt aber Ausländer, die nach Deutschland gekommen sind und diesen Menschen, durch viele Straftaten, Hetze, Drogen, etc. Schaden zufügen! Die „Dummheit" der Menschen besteht ja darin, wird im TV darüber berichtet, dann gibt es Millionen Menschen, die alle in einen Topf werfen!

Es wäre so simpel und einfach die Ausländerfeindlichkeit zu reduzieren, wenn Politiker die für Recht, Ordnung und Sicherheit im Land verantwortlich sind, auch in einem Staat dafür sorgen würden, dass jeder Ausländer, egal in welchem Land, **sofort und OHNE Probleme** aus dem Land ausgewiesen wird, wenn Straftaten, wie Diebstähle, Drogen, Hetze, Terrorismus, etc. nachgewiesen wird.

Beispiele: Wie einfach Ausländerfeindlichkeit in einem Land provoziert wird:

- Ausländer dürfen Drogen verkaufen, Hetze gegen das Land betreiben OHNE ausgewiesen zu werden!
- 400 gefährliche Terroristen dürfen im Land bleiben OHNE ausgewiesen zu werden!
- Ausländer dürfen Diebstähle, Einbrüche im Land machen OHNE ausgewiesen zu werden!
- Viele Ausländer haben eine lange Liste von Straftaten und werden trotzdem nicht ausgewiesen!

Es gibt jede Woche, dafür genügend Beispiele im TV und sonstige Medien. Das bedeutet, in jedem Land wo Politiker und Behörden nicht dafür sorgen, dass diese Menschen nicht sofort zurück wieder in Ihre Heimatländer geschickt werden, wird mit Absicht die Ausländerfeindlichkeit verursacht und sogar für unseriöse Wahlkämpfe benutzt.

- Ein Internationales Abkommen, könnte in allen Ländern die Ausländerfeindlichkeit reduzieren, WENN die POLITIKER und BEHÖRDEN von den Ländern es WOLLEN.
- Sollte es Länder geben die damit nicht einverstanden sind, dürfen Personen aus diesen Ländern abgelehnt werden.

Jeder Ausländer, der in einem anderen Land ehrlich arbeitet und keinen Schaden anrichtet und davon gibt es Millionen, ist für die Wirtschaft in diesem Land sehr wichtig und hat die gleichen Rechte, wie alle in diesem Land. Da Politiker und Behörden bis jetzt versagt haben, müssen Unternehmer und Fachexperten versuchen, etwas gegen diese sinnlose Ausländerfeindlichkeit zu unternehmen.

- **Kein Unternehmer im Land, könnte zum Beispiel OHNE den Mitarbeitern aus verschieden Ländern, ein Auto herstellen und durch Verkauf Gewinne erzielen!**
- **Kein Land kann OHNE die Wirtschaft existieren, weil es da keine Steuereinnahmen geben würde.**

Es ist doch so simpel und einfach, wenn Ausländer in einem Land auf die Straße gehen und Brüllen „Nazis raus“, dann provoziert Ihr Menschen in diesem Land! Ich habe dagegen noch nie gehört, eine Forderung von Euch, dass alle Ausländischen Verbrecher, sofort nach Hause in Ihre Länder geschickt werden sollen, die Euch selber Schaden zufügen! So lange Ihr das nicht versteht, werden Politiker und Behörden auch die nächsten 30 Jahre nichts dagegen machen. Sondern Euch nur für Ihre Machtkämpfe benutzen! TV und andere Medien berichten ständig, welche Menschen aus welchen Ländern im Land Schaden und Verbrechen begehen!

Jetzt könnt Ihr darüber sinnlos diskutieren oder einmal in Ruhe diesen Ratgeber lesen, zum Lernen-Umdenken-Mitdenken, denn ALLEIN ist JEDER ein NIEMAND!

JEDER ist ALLEIN ein NIEMAND!

Mit diesem Ratgeber für eine bessere Zukunft, könnt Ihr als Mitarbeiter in einem Unternehmen begreifen lernen, wie wichtig Ihr und Eure Arbeit ist. Ich war selber in vielen Unternehmen als Leiharbeiter tätig und zu Letzt als Festangestellter. Ich kenne dadurch selber viele Probleme und die Fehler die gemacht werden, wegen Gleichgültigkeit und fehlender Motivation und durch schlechte Kommunikation mit Vorgesetzten. Ich weiß, dass viele Mitarbeiter in Unternehmen nur arbeiten, um am Ende des Monats, wenn Sie geschuftet haben Ihren Lohn/Gehalt zu bekommen. Es gibt viele denen es egal ist, ob Produkte verkauft werden, Ausschuss produziert wird, zur Verfügung gestellte Arbeitsmittel gut behandelt werden oder nicht, usw. usw.! Ich will in diesem Ratgeber über niemanden meckern, sondern nur die Ursachen und Probleme, die es in vielen Unternehmen gibt, wo ich selber tätig war ansprechen und einen Vorschlag machen, wie man es eventuell durch bessere Kommunikation in Zukunft besser machen könnte.

Es gibt aber auch Mitarbeiter, die mit Herz und Seele für das Unternehmen arbeiten und von Vorgesetzten schlecht behandelt werden. Es ist auch normal, dass bei der Herstellung von Produkten, schlechte und gute arbeiten notwendig sind. Genauso sollte auch jeder begreifen, dass wir im Dreck ersticken würden, wenn es nicht die Millionen Reinigungskräfte, Müllabfuhren, usw. geben würde, die sehr wichtig sind aber leider heute noch von vielen nur negativ bewertet werden. **Jeder der berufstätig ist, soll auch in Zukunft die Chance bekommen, durch „seriöse Alternativen“ das Leben zu genießen! Ich konnte es nur selten nutzen.** Jetzt bin ich 66 Jahre und kann Euch nur eine bessere Zukunft wünschen.

Ohne Mitarbeiter geht gar nichts! Jedes Unternehmen benötigt Mitarbeiter die mit „Herz und Seele“ dafür arbeiten!

Ich hoffe, dass vielleicht einige Unternehmer, diesen Ratgeber lesen und begreifen lernen, das allerwichtigste sind die Mitarbeiter, die an der Herstellung von Produkten arbeiten. Denn logisch **OHNE** Euch, die Mitarbeiter kann nichts hergestellt und verkauft werden. Manche verdienen daran Millionen und wissen nicht, was Sie damit machen sollen oder prahlen damit rum! Manche verschwenden diese sinnlos, weil Sie nicht begriffen haben, NUR durch Mitarbeiter und Kunden kann man Gewinne erzielen. Deshalb hoffe ich, dass alle überlegen, wie man durch eine gute Kommunikation und Motivation dafür sorgen kann, dass alle mit Herz und Seele an der Herstellung von Produkten arbeiten. Es ist nicht einfach aber möglich, man muss nur darüber reden, **Lernen-Umdenken-Mitdenken!**

Durch diesen Ratgeber könnt Ihr in Zukunft sehen, ob sich für Euch etwas verbessert. Das bedeutet aber auch Ihr müsst begreifen **OHNE** Euch, gebe es keine Produkte, die in allen Prospekten zum Verkauf angeboten werden! **OHNE** Unternehmer, die es auch nicht immer leicht haben und genauso wie Ihr Fehler machen können, hättet Ihr keine Arbeit und somit kein Gehalt/Lohn! **Aber jeder könnte sich in Zukunft ändern, wenn er will!**

WENN SIE ES WOLLEN!

Ich werde den Markt, so lange ich kann im Hintergrund beobachten, ob sich etwas in Zukunft bewegt oder alles genauso bleibt wie es ist. Wenn ich jeden Tag nur 2 mal 15 Minuten die Nachrichten mir anschaue, welchen Schaden Menschen auf der Welt anrichten, nur weil Sie die Macht über Menschen und Waffen haben, die überall verkauft werden und dadurch die Flüchtlingspolitik verursacht haben, dann muss sich niemand wundern, wenn eines Tages Politiker **OHNE** Verstand einen 3 Weltkrieg verursachen! Kinder müssen heute auf die Straße gehen um den Erwachsenen zu sagen, endlich mit dem Klimaschutz für eine bessere Zukunft anzufangen. **Mit 66 kann ich nicht sagen, es ist mir doch alles egal!** Dann wäre ich **„Dieter der böse Rentner“**, wenn ich diesen Ratgeber nicht veröffentlichen würde, um den Millionen Menschen eine Alternative zu zeigen für eine bessere Zukunft! Vielleicht habt Ihr Glück und bekommt durch diesen Ratgeber in Zukunft einmal die Chance LP zu sammeln. Logisch, jedes Jahr geht jeder einkaufen und nutzt Dienstleistungen und könnte selber durch LP sammeln mithelfen soziale und wirtschaftliche Probleme zu reduzieren, durch Erhöhung der Kaufkraft! **Jeden Tag von 7 Uhr bis 22 Uhr und das <u>jede Minute.</u> Weil jede Minute, mehrere Kunden in Deutschland irgendwo, an einer Kasse Produkte bezahlen! Das kann sich nur jeder vorstellen, wenn er diesen Ratgeber gelesen und verstanden hat, sich einmal in Ruhe die Prospekte anschaut und danach einkaufen geht.**

Stellen Sie sich einmal in der Praxis vor, es gebe in Zukunft diese Alternative:

1. **Sie arbeiten als Mitarbeiter, an der Herstellung von Produkten und sehen das in Geschäften, wo diese Produkte angeboten werden, dafür LP zum Sammeln vergeben werden, dann könnten Sie stolz sein in diesem Unternehmen zu arbeiten, weil der Unternehmer begriffen hat „ALLEIN ist JEDER ein NIEMAND! Ohne Sie und Kunden kann man keine Gewinne erzielen und Arbeitsplätze sichern!**
2. **Sie arbeiten als Mitarbeiter, in Geschäften, Läden, egal wo alle Produkte, die hergestellt wurden in Zukunft angeboten werden, wo es bis 10, 20, 50, oder 100 bis 500 LP-Einzelaktionen zum LP sammeln zur Auswahl für LP-Kunden angeboten werden. Dann könnten Sie stolz sein für ein Unternehmen zu arbeiten, wo der Unternehmer begriffen hat, dass Millionen Menschen dafür arbeiten müssen und deshalb die LP-Einzelaktionen zur Auswahl für LP-Kunden anbietet! Wenn Sie das Glück haben sollten, das Sie an der Kasse sitzen, dann könnten Sie jeden Tag erleben, wie viel LP-Kunden bereit sind sich gegenseitig zu helfen und wie viel LP-Einzelaktionen, an der Kasse bezahlt werden. Wenn das keine Motivation ist in diesem Unternehmen mit Herz und Seele zu arbeiten, dann würde es an Ihnen liegen!**

Lesen Sie diesen Ratgeber durch und Denken einmal in Ruhe darüber nach!

Eurer „Dieter der coole Rentner“!

„Dieter der coole Rentner“

Veröffentlicht seine Geschäftsidee für eine bessere Zukunft

„KUNDEN helfen KUNDEN beim PUNKTE sammeln“

durch

Löwen-Punkte (LP)

Voraussetzung für alle:

Unternehmer, Mitarbeiter und Kunden
sind bereit zum
Lernen-Umdenken-Mitdenken
den
ALLEIN ist JEDER ein NIEMAND

Thema:

An alle Kunden die Produkte kaufen oder kaufen wollen!

Die Wirtschaft ist das Herz eines Staates!

An alle Kunden die Produkte kaufen oder kaufen wollen!

Hallo, ich **„Dieter der coole Rentner“** richte jetzt ein **„persönliches Wort“** in diesem Ratgeber, an alle Kunden die Produkte im Einzelhandel kaufen oder kaufen würden, wenn Sie dafür Taschengeld zur Verfügung hätten, die jede Woche in allen Prospekten zum Verkauf angeboten werden und bereit sind zum

LERNEN – UMDENKEN – MITDENKEN

denn

ALLEIN ist JEDER ein NIEMAND!

Die Begründung dafür ist ganz einfach:

Die Wirtschaft ist das Herz eines Staates!

Logisch, **ALLE** Kunden, egal ob Alleinstehend mit oder ohne Kinder und Familien, Rentner benötigen **TASCHENGELD,** um Produkte (zum Beispiel: Auto, Möbel, Fernseher, Lebensmittel, usw.) zu kaufen und Dienstleistungen (Kino, Sport und Freizeitmöglichkeiten, Urlaub, Geldanlagen, usw.) zu nutzen.

Jeder der berufstätig ist, soll auch durch verschiedene Alternativen, das Leben genießen können, das ist meine „persönliche Meinung“!

Deshalb brauchen Sie diesen Ratgeber **NICHT** zu lesen, **wenn Sie folgender Meinung sind, über die letzten 30 Jahre und in Zukunft???**

In Deutschland gibt es keine negativen Berichte über soziale und wirtschaftliche Probleme, weil genügend Alternativen für Millionen Menschen im Land angeboten werden. Es gibt wegen Geld keine Kriminalität, keine Drogen, weil jeder der berufstätig ist, genügend Lohn/Gehalt bekommt, um die vielen schönen Freizeitmöglichkeiten nutzen zu können. Es gibt keine Ausländerfeindlichkeit, weil **alle** begriffen haben, dass die Wirtschaft im Land **OHNE** diese Menschen niemals existieren könnte.

ALLE Rentner die Ihr Leben lang geschuftet haben, bekommen genügend Rente, um den Ruhestand genießen zu können.

Alle die berufstätig sind, egal ob Alleinstehend, mit oder ohne Kinder oder Familien mit oder ohne Kinder haben genug Taschengeld, um sich und für die Kinder Produkte zu kaufen, die benötigt und angeboten werden, sowie die vielen Sport- und Freizeitmöglichkeiten zu nutzen. Wegen Klimaschutz ist es auch kein Problem, für alle berufstätigen in Zukunft ein klimafreundliches Auto zu kaufen, weil durch die vielen Alternativen, jeder genügend Taschengeld zur Verfügung hat. In Deutschland gibt es eine „freie soziale Marktwirtschaft“, wo alle zufrieden sind!

Es gibt keine Arbeitslosigkeit, Firmenpleiten oder Entlassungen durch die vielen „spannenden – sozialen – wirtschaftlichen - klimafreundlichen" Alternativen, die bereits seit über 30 Jahre angeboten werden, die Millionen Menschen im Land nutzen können.

P.S. ODER habe ich das etwa geträumt???????

Folgende Alternativen gibt es in den letzten 30 Jahren und nutzen bis heute Millionen Kunden in Deutschland, damit Sie immer genügend Taschengeld zur Verfügung haben, um Produkte (zum Beispiel: Auto, Möbel, Fernseher, Lebensmittel, usw.) zu kaufen und Dienstleistungen (Kino, Sport und Freizeitmöglichkeiten, Urlaub, Geldanlagen, usw.) nutzen zu können.

Die „ALTERNATIVEN" – SUPER – ODER?

Zu den vielen Alternativen, die den Millionen KUNDEN bis heute zur Verfügung stehen gehören:

- Lohnende Geld- bzw. Sparanlagen, um sich ein neues Auto kaufen zu können oder sonstige größere Wünsche zu erfüllen?
- Nutzung von Sonderangeboten 12 Monate lang, die in allen Prospekten jede Woche angeboten werden, um die Chance zu haben, sich ein neues Auto zu kaufen oder sonstige größere Wünsche zu erfüllen?
- Jeder Kunde hat und benutzt in 12 Monaten über 20 Kundenkarten, für Rabatte, Punkte sammeln, um die Chance zu haben, sich ein neues Auto zu kaufen oder sonstige größere Wünsche zu erfüllen?
- 30 Millionen Kunden nutzen 12 Monate lang, eine Payback-Punktekarte, um dadurch die Chance zu haben, sich ein neues Auto zu kaufen oder sonstige größere Wünsche zu erfüllen? Diese Alternative gibt es bereits seit 2000!
- 20 Millionen Kunden nutzen 12 Monate lang, die DeutschlandCard (seit 2008), um die Chance zu haben sich ein neues Auto zu kaufen oder sonstige größere Wünsche zu erfüllen?
- Millionen Menschen spielen in 12 Monaten Lotto, um die Chance zu haben sich ein neues Auto zu kaufen oder sonstige größere Wünsche zu erfüllen?

Diese Alternativen konnten bis heute in Deutschland Millionen Kunden nutzen, um Produkte zu kaufen, damit Arbeitsplätze gesichert werden, um soziale und wirtschaftliche Probleme zu reduzieren und die vielen Sport- und Freizeitmöglichkeiten zu nutzen.

ALLE Kunden sind durch diese Alternativen seit 30 Jahren zufrieden? ODER?

P.S. Ob ich immer noch TRÄUME?????????

Wenn Sie also jetzt der Meinung sind, alles was ich gerade geschrieben habe ist kein Traum, **sondern trifft auf Sie zu, dann verschenken Sie diesen Ratgeber!**

Logisch: JEDER hat in einem Land eine andere Meinung und die muss man akzeptieren, wenn es in dem Land Meinungsfreiheit gibt! Ich würde darüber mit niemanden sinnlos diskutieren, es wäre Zeitverschwendung!!!!!!!

Für **ALLE** Kunden, die ebenfalls wie ich der Meinung sind, es ist leider **NUR** ein Traum für Millionen Menschen im Land, die sollten jetzt diesen Ratgeber in Ruhe lesen und über folgende **ALTERNATIVE** für eine bessere Zukunft nachdenken.

„Kunden helfen Kunden beim Punkte sammeln"
„spannend – sozial - wirtschaftlich – klimafreundlich"
Jeden Tag viele LP – Millionäre
Für Millionen Kunden so simpel und einfach wie Lotto spielen!

Voraussetzung:

Unternehmer, Mitarbeiter und Kunden
sind bereit zum
Lernen-Umdenken-Mitdenken
den
ALLEIN ist JEDER ein NIEMAND

Aber was müssten Millionen Kunden dafür in Zukunft machen? Ganz einfach:

Das gleiche was seit dem Jahr 2000 schon 30 Millionen Payback-Kunden und seit 2008 schon 20 Millionen DeutschlandCard-Kunden machen, aus Prospekten die Angebote zum Punkte sammeln aussuchen, die Sie benötigen und dafür Punkte bekommen.

Aber bei diesen beiden Anbietern sammeln Sie allein Punkte, deshalb kann es nicht jeden Tag Punkte-Millionäre geben, die sich vielleicht ein neues Auto kaufen oder sonstige größere Wünsche erfüllen könnten, weil eben

ALLEIN ist JEDER ein NIEMAND!!!

Wenn 1 Punkt = 1 Cent Wert hat, dann ist das doch für jeden logisch – ODER?

Ein Auto wird nicht neu erfunden, sondern jedes Jahr durch Fachexperten verbessert! Für jeden Kunden normal. Leider haben, die obigen Anbieter keine Fachexperten und mit mir wollte keiner „persönlich" über meine Geschäftsidee reden, obwohl ich 1 Kunde von 30 Millionen Payback-Kunden bin, der sich Gedanken gemacht hat, ob man das Punkte sammeln, spannender, sozialer, wirtschaftlicher und klimafreundlicher machen könnte!

Für Millionen Kunden wäre es so simpel und einfach wie Lotto spielen!

Für „Kunden helfen Kunden beim Punkte sammeln", muss es natürlich genauso eine Dienstleistung geben, zum Beispiel „Löwen-Punkte GmbH-Deutschland" die eine Webseite mit einer MLM-Software besitzt für die automatische Verteilung von LP.

1. Diese wird durch Jahresgebühren von LP-Anbietern und LP-Kunden finanziert.
2. Die LP-Anbieter, machen aus den Prospekten „symbolisch" ein Lottoschein als „SPENDEN-AKTION" zum LP sammeln.
3. Das bedeutet, je nach LP-Anbieter könnten bis 10, 50, 100 bis 500 LP-Einzelaktionen zum LP sammeln zur Auswahl stehen! Logisch, jeder kauft andere Produkte – ganz einfach – ODER?
4. Dadurch gebe es jeden Tag viele LP-Millionäre, die sich vielleicht sogar ein neues Auto kaufen oder sonstige größere Wünsche erfüllen könnten!

Es ist ganz einfach: Man sucht sich aus den LP-Angeboten, die zur Auswahl stehen raus, was man benötigt, bezahlt an der Kasse und durch eine Registrierung werden die LP pro LP-Einzelaktion sofort und automatisch auf der Webseite verteilt.

Für jede LP-Einzelaktion erhält man LP selber = spannend und „SPENDET = sozial" automatisch und „anonym" LP an andere LP-Kunden. So einfach wie Lotto spielen. Jeden Tag, könnte es viele LP-Millionäre = wirtschaftlich geben!

In diesem Ratgeber wird alles genau erklärt. Damit jeder einen Beitrag zum Klimaschutz beitragen könnte, sollten in Zukunft alle LP-Einzelaktionen in Prospekten „DIGITAL" für Smartphone- und PC-Benutzer angeboten werden.

Ganz einfach – ODER?

Jetzt stellen Sie sich in der Praxis einmal folgendes Beispiel vor, Sie sind LP-Kunde und bezahlen um 9.15 Uhr, an der Kasse 1 LP-Aktion! **Zur gleichen Zeit**, stehen in ganz Deutschland überall irgendwo LP-Kunden ebenfalls an der Kasse, die sich gegenseitig „anonym" helfen wollen durch LP sammeln! Wahnsinn, wie viel Einzelaktionen zur gleichen Zeit bezahlt werden könnten. Alle die LP-Aktionen zur gleichen Zeit bezahlen, werden automatisch auf der Webseite der Reihe nach registriert und „anonym" in einem festgelegten Durchgang verteilt.

Jetzt kann sich jeder selber vorstellen, wenn es diese Alternative jeden Tag von 7 Uhr bis 22 Uhr und <u>jede Minute und von Montag bis Samstag</u> und jedes Jahr 12 Monate lang LP-Kunden nutzen würden, wie vielen Menschen pro Tag, pro Monat und in 12 Monaten geholfen werden könnte?

Wer diesen Ratgeber nicht verstanden hat, sollte in Zukunft niemals LP anbieten oder LP sammeln! P.S. Er sollte mit diesem Ratgeber 1 Jahr lang, „<u>ganz allein</u>" auf einer einsamen Insel leben! Ganz einfach – ODER?

Diese „Spenden-Aktion“ wäre eine neue Revolution für die Zukunft. In diesem Ratgeber für die Zukunft, werden viele Fragen dazu beantwortet. Ich habe mir die größte Mühe dafür gegeben. Ob die Menschen es begreifen werden oder wollen, weiß ich nicht. Deshalb wäre ich **„Dieter der böse Rentner“**, wenn ich diesen Ratgeber nicht veröffentlichen würde, um den Millionen Menschen, die bei mir zur Gruppe A gehören, eine Alternative zu zeigen für eine bessere Zukunft!

WENN SIE ES WOLLEN!

Ich kann nur noch im Hintergrund beobachten, ob und wann Fachexperten davon erfahren und diesen Ratgeber begriffen haben. Vielleicht gibt es für Euch eines Tages eine bessere Zukunft! Für mich ist es leider mit 66 zu spät!

Lesen Sie diesen Ratgeber durch und Denken einmal in Ruhe darüber nach. Wenn Sie wollen, dann können Sie Personen diesen Ratgeber einmal zum Lesen geben, um festzustellen, wie die darüber Denken.

Jeder Mensch in Deutschland hat andere Kontakte, vielleicht erfahren richtige Fachexperten davon, die sofort begreifen, jawohl das ist Zukunft, mal sehen ob wir da was machen können!

Sehr wichtig, niemals darüber sinnlos mit jemand diskutieren, es wäre Zeitverschwendung, denn es gibt Personen, die glauben OHNE andere Menschen auszukommen. Für mich ist es normal, dass es Personen gibt, die darüber nur sinnlos diskutieren, etwas zu meckern haben werden oder Ihren Verstand nicht benutzen wollen. In den Medien wird auch ständig von „Schmarotzern“ berichtet, die arbeiten könnten, aber keine Lust dazu haben. Diese Menschen „OHNE“ Verstand, haben eben noch nicht begriffen, dass Sie OHNE andere Menschen die arbeiten gehen, niemals so leben könnten. Ich würde alle 1 Jahr mit diesem Ratgeber auf eine einsame Insel aussetzen. Aber so viele Inseln gibt es gar nicht, die ich dafür benötigen würde. Logisch, diese Personen wären dafür auch nicht geeignet und gehören bei mir zur Gruppe B!

Dann haben diese Personen, den Ratgeber nicht richtig gelesen oder verstanden, egal aus welchen Gründen! Wechseln Sie das Thema!

Mein „persönlicher“ Traum wäre, ich möchte es noch erleben, 12 Monate lang in Deutschland „spannend – sozial - wirtschaftlich – klimafreundlich“ LP sammeln zu können, um zu sehen, wie vielen Menschen in 12 Monaten dadurch geholfen wurde!

Eurer „Dieter der coole Rentner“!

„Dieter der coole Rentner“

Veröffentlicht seine Geschäftsidee für eine bessere Zukunft

„<u>KUNDEN helfen KUNDEN beim PUNKTE sammeln</u>“

durch

Löwen-Punkte (LP)

Voraussetzung für alle:

Unternehmer, Mitarbeiter und Kunden
sind bereit zum
Lernen-Umdenken-Mitdenken
den
ALLEIN ist JEDER ein NIEMAND

Thema:

Warum alle, Lernen – Umdenken – Mitdenken sollten?

<u>Die Wirtschaft ist das Herz eines Staates!</u>

Warum alle, Lernen – Umdenken – Mitdenken sollten?

„KUNDEN helfen KUNDEN beim PUNKTE sammeln“

Warum dafür

Fachexperten, Unternehmer, Mitarbeiter und Kunden

bereit sein sollten zum

LERNEN-UMDENKEN-MITDENKEN

denn

„ALLEIN ist jeder ein NIEMAND“!

1. **Ein UNTERNEHMER, ist die wichtigste Person in einem Land für die Wirtschaft und für die vielen Arbeitsplätze und Steuereinnahmen! Aber, er könnte niemals Gewinne erzielen, Geld verdienen, (manche verdienen sogar Millionen) OHNE Mitarbeiter und Kunden!**
2. **Ein MITARBEITER, könnte niemals Lohn/Gehalt bekommen, OHNE Unternehmer und Kunden die Produkte kaufen oder Dienstleistungen nutzen!**
3. **Ein KUNDE, könnte KEINE Produkte kaufen oder Dienstleistungen nutzen, OHNE Unternehmer und Mitarbeiter, die dafür jeden Tag arbeiten gehen würden!**

P.S. Ganz simpel und einfach! Das Problem, es gibt Millionen Menschen in Deutschland und in anderen Ländern, die bis heute noch nicht verstanden haben, **ALLEIN ist JEDER ein NIEMAND!** und deshalb gibt es bis heute für mich noch **KEINE „freie soziale Marktwirtschaft“.** Nur wenn diese Menschen in einem Land bereit sind, gemeinsam neue Alternativen in Zukunft, die die Marktwirtschaft bietet, „richtig und seriös“ zu nutzen, könnten Millionen Menschen im Land, jeden Tag von Montag bis Samstag, jedes Jahr 12 Monate lang, selber mithelfen Ihre Arbeitsplätze zu sichern, wenn Sie es wollen! Jeder der die Geschichte verfolgt hat, müsste eigentlich verstanden haben, dass alle „Systeme“ (Kommunismus, Sozialismus, Kapitalismus) durch Macht- und Geldgierige Menschen (Politiker, Unternehmer) bis heute überall soziale und wirtschaftliche Probleme verursacht haben.

Frage: Was könnten Millionen Menschen im Land zusätzlich benötigen, um sich vielleicht in Zukunft ein klimafreundliches Auto zu kaufen oder sonstige größere Wünsche zu erfüllen, damit Arbeitsplätze gesichert und soziale und wirtschaftliche Probleme reduziert werden könnten? **Sind Sie auch auf folgende Antwort gekommen?**

Antwort: Meine „persönliche Antwort“ ist logisch und einfach, mehr „TASCHENGELD“, das wichtigste GELD was jeder Kunde benötigt, um Produkte zu kaufen, sowie die vielen Sport und Freizeitmöglichkeinen zu nutzen!

Deshalb werde ich Ihnen jetzt erst einmal erklären, warum die Antwort für mich so einfach ist, denn wenn jeder der diesen Ratgeber gelesen und danach verstanden hat, was ich damit meine, könnte er auch folgendes begreifen:

Die Wirtschaft ist das Herz eines Staates!

Das bedeutet, wenn die Menschen in einem Land, sich Produkte kaufen und Dienstleistungen nutzen könnten, die Sie vielleicht selber oder andere hergestellt haben, dann gebe es logischerweise genügend Steuereinnahmen und weniger soziale und wirtschaftliche Probleme. Dafür benötigt aber jeder GELD. Ich bezeichne dieses Geld als „Taschengeld“! Die Begründung dafür ist ganz einfach:

Was bedeutet für mich „Taschengeld“?

Wenn ich einen ganzen Monat auf Arbeit geschuftet habe, bekomme ich einen Bruttoverdienst. Diesen bekomme ich aber nicht ausgezahlt, denn jetzt beginnt die Verteilung des Geldes!

Davon wird zum Beispiel abgezogen:

- **Lohnsteuer**
- **Krankenversicherung**
- **Rentenversicherung**
- **Arbeitslosenversicherung**
- **Pflegeversicherung**
- **Kirchensteuer**
- **Solidaritätszuschlag**

Davon werden Dienstleistungen bezahlt, die nichts mit der Absicherung von Arbeitsplätzen zur Herstellung und Vertrieb von Produkten zu tun haben, die wir aber benötigen und deshalb wichtig sind!

Der Rest der übrig bleibt, heißt Nettoeinkommen!

Von diesem Geld wollen auch noch andere Menschen verdienen. Deshalb beginne ich wieder mit der Verteilung des Geldes.

Ich bezahle vom Nettoeinkommen zum Beispiel:

- **Miete**
- **Telekom**
- **Stadtwerke**
- **Versicherungen**
- **Autowerkstatt**
- **Tanken**
- **Steuern, etc.**

Auch hier werden Dienstleistungen bezahlt, die nichts mit der Absicherung von Arbeitsplätzen zur Herstellung und Vertrieb von Produkten zu tun haben, die aber ebenfalls benötigt werden und wichtig sind!

Den Rest, der dann noch übrig bleibt bezeichne ich als Taschengeld!!!

Was verstehe ich unter TASCHENGELD?

Taschengeld ist das einzige Geld, **wo Millionen Menschen ganz allein** die Entscheidung treffen können, ob, wann und für welche Produkte (zum Beispiel: Auto, Möbel, Fernseher, Lebensmittel, usw.) und Dienstleistungen (Kino, Sport und Freizeitmöglichkeiten, Urlaub, Geldanlagen, usw.) das Taschengeld ausgegeben wird.

Taschengeld bezeichnet man auch als die Kaufkraft des Kunden!

Merke: Dieses Taschengeld entscheidet über Arbeitsplätze von der Herstellung bis zum Vertrieb von Produkten und den vielen Dienstleistungen, die wir damit nutzen könnten!

- **Je höher das Taschengeld, desto höher ist logischerweise auch die Kaufkraft!**
- **Je höher die Kaufkraft, desto höher sind für den Staat, die Steuereinnahmen (MwSt., Gewerbesteuer, etc.) und desto besser kann jeder das Leben genießen!**

Die Medien berichten ständig, dass sich Millionen Menschen die arbeiten gehen kaum etwas leisten können, weil eben wenig Taschengeld zur Verfügung steht. Ich kann mir jetzt vorstellen, dass viele die das jetzt gelesen haben sagen werden, das ist doch logisch und weiß doch jeder oder so ähnlich.

Aber man kann so wieso nichts dagegen machen oder ändern! Das ist leider das Problem, denn wenn jemand eine Alternative oder Vorschlag hat, dann wird darüber nur sinnlos diskutiert und nach Gründen und Ausreden gesucht.

Mit diesem Ratgeber sollen die Menschen erfahren, dass es Alternativen für Millionen Menschen in Zukunft in einem Land geben könnte! Niemand kann mehr sagen, es wäre nicht möglich. Sie können selber die Medien beobachten, ob und welche Menschen im Land, darüber nur sinnlos diskutieren werden und nach Gründen und ausreden suchen. Nicht jeder will eine "freie soziale Marktwirtschaft".

P.S. Ich bin gespannt darauf, wer zuerst versuchen wird, durch die Medien darüber sinnlose Kommentare zu geben bzw. zu verbreiten? Ich werde es beobachten, wer nicht will, dass sich Millionen Menschen im Land sich gegenseitig helfen, um soziale und wirtschaftliche Probleme zu reduzieren.

Ich persönlich teile die Millionen Menschen durch meine 66 Jahre negativen und positiven Erfahrungen im Land in 3 Gruppen ein: A, B, C.

1. **Die Gruppe 1 = A, sind die guten Menschen im Land, die anderen helfen.**
2. **Die Gruppe 2 = B, sind die bösen Menschen im Land, die anderen Schaden zufügen.**
3. **Die Gruppe 3 = C, Sind die Menschen im Land die niemanden Schaden zufügen, aber auch niemanden helfen wollen, egal aus welchen Gründen.**

Bis heute sind die Gruppe B die Gewinner, deshalb konnten auch in den letzten 30 Jahren die sozialen und wirtschaftlichen Probleme nicht reduziert werden! Zu dieser Gruppe gehören Fachexperten, Politiker, Unternehmer, Mitarbeiter, Kunden, TV und andere Medien, etc.!

Ich „Dieter der coole Rentner" habe diesen Ratgeber für die Gruppe A geschrieben. NUR diese Menschen, könnten in einem Land für eine bessere Zukunft sorgen, wenn Sie bereit wären sich gegenseitig zu helfen. Zu dieser Gruppe gehören ebenfalls Fachexperten, Politiker, Unternehmer, Mitarbeiter, Kunden, TV und andere Medien, etc.! Ganz einfach, durch Lernen-Umdenken-Mitdenken, denn ALLEIN ist JEDER ein NIEMAND! Wer in Zukunft durch diesen Ratgeber zur Gruppe A gehören will, muss jeder logischerweise selber entscheiden können.

Frage: Warum teile ich Menschen in einem Land in 3 Gruppen ein?

Antwort: In einem Land leben Millionen Menschen, da ist es vollkommen normal und logisch, dass jeder eine andere Meinung, andere Ansichten, einen anderen Glauben, jeder einen anderen Beruf, eine andere Bildung hat, Hobbys, usw. usw.! Deshalb gibt es Menschen die zur Gruppe B gehören und das Ausnutzen, damit die MENSCHEN im Land sich nicht einig sind, das war schon in der DDR so gewesen.

Ein einfaches Beispiel dazu: In einem Land gibt es verschiedene Parteien! In Deutschland soll es angeblich eine Demokratie geben und deshalb werden immer alle aufgerufen zu den Wahlen zu gehen! Dann gehen Millionen im Land zur Wahl und wählen Ihre Partei! Was passiert danach und das schon seit vielen Jahren? Heute ist der 12.02.2020 und genau vor einer Woche, wurde von den Wahlen in Thüringen berichtet mit dem Beweis, dass die Politiker gar nicht wissen was Demokratie bedeutet! Wie kann man in einem Land alle Wähler die die AFD gewählt haben, als rechtsradikale oder Nazis beschimpfen? Wenn ich die Hetze gegen diese Partei verfolge, werden mir die Beweise und Gründe geliefert, warum ich selber nicht zur Wahl gegangen bin und auch in Zukunft nicht mehr gehen werde. Weil Machtgierige Politiker die Wähler gegeneinander aufhetzen und Schaden im Land anrichten! Genauso war es in der DDR, da bin ich auch nicht zur Wahl gegangen.

Kein Mensch wird zum Verbrecher geboren!

Zu welcher Gruppe gehören SIE oder wollen in Zukunft gehören?

Frage: Wer gehört zur Gruppe A?

Antwort: Es gibt Millionen Menschen im Land die anderen helfen, egal ob im Beruf, Freizeit, als Politiker, Fachexperten, Unternehmer, Mitarbeiter, Kunden, TV-Sendungen, usw.! Für alle diese Menschen ist auch meine Geschäftsidee „Kunden helfen Kunden beim Punkte sammeln" als zusätzliche Belohnung gedacht. Das bedeutet, eine „SPENDEN-AKTION" durch LP sammeln, wo diese Menschen sich in einer großen Gemeinschaft gegenseitig helfen könnten, um Arbeitsplätze zu sichern und soziale und wirtschaftliche Probleme gemeinsam in Zukunft zu reduzieren, weil Sie kein Problem damit hätten. Es gibt viele Menschen die mit „Herz und Seele" in Ihrem Job arbeiten egal wo, aber leider richten dann einige Menschen die an der Spitze stehen aus Macht- oder Geldgier Schaden an. Deshalb ist es wichtig, **NIEMALS** alle Menschen in einen Topf werfen! Für diese Menschen habe ich diesen Ratgeber für eine bessere Zukunft geschrieben. Ich werde Euch zusätzlich zu meiner Geschäftsidee einen Vorschlag machen, wie man OHNE sinnlose Diskussionen ganz einfach in Zukunft verschiedene Probleme gemeinsam reduzieren könnte, weil logischerweise jeder eine andere Meinung hat. Man benötigt in der Gruppe A Fachexperten die für die Gruppe A im ABBO eine Zeitschrift herausgeben für die Millionen Menschen, die soziale und wirtschaftliche Probleme bereits reduzieren oder mithelfen wollen in Zukunft weitere Probleme zu reduzieren. Das sind für mich die wichtigsten Menschen im Land! Davon bin ich mir 100 % sicher, gibt es Millionen! Für die Reduzierung von Problemen gibt es eine ganz einfache Lösung ohne sinnlose Diskussion:

1. In der Zeitschrift wird das Problem angesprochen, warum, wieso und weshalb gibt es das Problem, weil es logisch ist das es Gründe dafür geben muss!
2. Jetzt können alle Vorschläge dazu einreichen, wie das Problem reduziert werden könnte! Wichtig! NUR Vorschläge und keine Kommentare dazu!
3. Fachexperten prüfen die Vorschläge und die besten Vorschläge werden ausgewählt über die in der Zeitschrift berichtet wird.
4. Dann entscheiden durch Abstimmung die Leser, welcher Vorschlag auf Platz 1 liegt und umgesetzt wird. Vielleicht besteht die Möglichkeit, dass sogar der 1. bis 3. Platz umgesetzt werden könnte!
5. ALLE die damit eine Entscheidung getroffen haben, dass in Zukunft ein Problem reduziert werden könnte, OHNE sinnlose Diskussionen haben verstanden was Demokratie in einem Land bedeutet, wo logischerweise jeder eine andere Meinung hat. Dadurch könnte in Zukunft die Gruppe A vielleicht zu den Gewinnern gehören! Ich hoffe, dass jeder das verstanden hat! Ganz einfach – ODER?

Lernen-Umdenken-Mitdenken

Frage: Wer gehört zur Gruppe B?

Antwort: Ganz einfach, dazu gehören alle Personen die anderen Menschen, egal aus welchen Gründen auch immer Schaden zufügen, ob im eigenen Land oder in anderen Ländern, über die jeden Tag im TV und anderen Medien berichtet wird! Es vergeht kein Tag, wo nicht über Macht- und Geldgier, Mobbing, Hass und Hetze, Straftaten wegen Geld, sogar an Kinder begangen werden, etc.! Jeder könnte sich ändern, wenn er will. Ich habe nach der Wende bis 2005 Zeitungsartikel gesammelt, warum und wie welche Menschen soziale und wirtschaftliche Probleme verursachen. Ich hatte 3 Ordner voll, die habe ich aber 2016 alle entsorgt. Wenn ich von 2005 bis 2020 das gleiche gemacht hätte, dann wären wieder 3 Ordner voll, weil sich kaum etwas geändert hat, wenn ich heute im TV die Medien verfolge. Da die Herausgeber von Zeitschriften bis heute nicht begriffen haben, wie man Millionen Menschen durch eine Zeitschrift helfen könnte, kaufe ich mir schon seit vielen Jahren keine mehr. Der wichtigste Mensch für eine Zeitung ist der Kunde der diese kauft. Millionen Leser arbeiten in verschiedenen Berufen, haben verschiedene Erfahrungen gemacht, aber sind für die Herausgeber nur zahlende Kunden mehr nicht. Anstatt gemeinsam mit Lesern Probleme zu reduzieren, wird nur darüber berichtet. Logisch, wenn jemand eine Zeitung im ABO kauft und jeden Tag die vielen negativen Berichte lesen muss, was mag der wohl über das Land Denken?

Jeder der wissen möchte wer alles zur Gruppe B gehört, sollte sich im TV die Nachrichten anschauen oder eine Tageszeitung kaufen, da gibt es genügend Beispiele. Die Zeitschriften sind voll davon.

Frage: Wer gehört zur Gruppe C?

Antwort: Das sind die Personen denen alles egal ist, egal aus welchen Gründen, aber niemanden einen Schaden zufügen und auch nichts ändern wollen. Deshalb ist es wichtig, jeden Menschen zu akzeptieren, wenn er eine andere Meinung hat, aber anderen Menschen keinen Schaden zufügt. Ganz einfach – ODER?

P.S. Ich kenne keine Religion oder Partei, die anderen Menschen noch keinen Schaden zugefügt hat, wenn man die Geschichte bis heute verfolgt!

Deshalb ist das auch nur meine ganz „persönliche“ Meinung:

„**Kein Mensch wird zum Verbrecher geboren**“

Das bedeutet, es sind Menschen, die soziale und wirtschaftliche Probleme verursachen, deshalb können nur Menschen dafür sorgen, diese Probleme zu reduzieren! Jeder Mensch kann Fehler machen, genauso könnte sich jeder Mensch ändern!

WENN SIE ES WOLLEN!

Jeder der täglich die Nachrichten im TV und anderen Medien verfolgt, müsste eigentlich begriffen haben, was ich damit meine! Deshalb muss jeder der diesen Ratgeber gelesen hat, selber entscheiden, ob er diesen Ratgeber verstanden hat oder nicht verstehen will.

P.S. In Deutschland gibt es eine Meinungsfreiheit und Vereinigungsfreiheit die im Grundgesetz Deutschlands eindeutig geregelt sind:

Artikel 5 im Grundgesetz „Meinungsfreiheit"!

Artikel 9 im Grundgesetz „Vereinigungsfreiheit"!

Kann und sollte jeder, wenn er will selber einmal lesen, wenn er diese nicht kennt. Ich frage mich nur, warum gibt es ein Grundgesetz, wenn das niemand beachtet oder durch Gummiparagraphen verändert wurde? Jeder der die Medien verfolgt, weiß das es bereits seit vielen Jahren Vereinigungen gibt, die Straftaten begehen oder gegen andere Hetze betreiben, obwohl solche angeblich verboten sind? Artikel 9 Absatz 2!

Leider, muss es wahrscheinlich immer erst Tote geben, bis gehandelt wird oder es wird nur darüber sinnlos diskutiert, warum man das nicht verhindert hat. Die Politiker haben die Aufgabe für „Recht, Sicherheit und Ordnung" im Land zu sorgen. Dagegen sollten Fachexperten und Unternehmer für eine „freie soziale Marktwirtschaft" sorgen und viele „Alternativen" die eine Marktwirtschaft bietet, „richtig und seriös" nutzen und anbieten. Nur so können in Zukunft zusätzlich Arbeitsplätze durch Erhöhung der Kaufkraft gesichert und viele soziale und wirtschaftliche Probleme reduziert werden.

Aber das ist leider ebenfalls nur „meine persönliche" Meinung!

Könnte es eine „ALTERNATIVE" für die ZUKUNFT geben?

Wenn ich für Millionen Menschen im Land keine Alternative gefunden hätte, die sogar in Deutschland umsetzbar wäre, dann würde ich nicht meine Zeit als Rentner verschwenden und tagelang mir die Mühe machen, um zu versuchen Ihnen das durch diesen Ratgeber ganz einfach zu erklären. Ein Buch schreiben ist für jemanden der keine Ahnung davon hat nicht einfach und als Rentner, kann ich keine Experten dafür bezahlen. Deshalb muss jeder froh sein, wenn es diesen Ratgeber mal geben sollte, dass ich nicht aufgegeben habe. Ich gebe damit meine „persönlichen positiven und negativen" Erfahrungen, die ich in 66 Jahren gesammelt habe, an Fachexperten, Unternehmer, Mitarbeiter und Kunden weiter. Die Menschen aber in den Ländern sollen selber entscheiden, ob Sie diesen Ratgeber für eine bessere Zukunft nutzen wollen oder nicht!

Ich werde im Internet und durch die Medien im Hintergrund verfolgen, ob es ein Land gibt, wo es richtige Fachexperten gibt, die mit diesem Ratgeber etwas anfangen können, um in Ihrem Land für eine bessere Zukunft zu sorgen.

Seit 15 Jahren sammle ich mit einer „Payback-Punktekarte" Punkte und Sonderpunkte.

Ich konnte bis heute keine Probleme feststellen.

Aber dadurch ist auch diese „einfache Geschäftsidee" entstanden „Kunden helfen Kunden beim Punkte sammeln"! Die Motivation dazu mir einmal in Ruhe Gedanken darüber zu machen, ob man das Punkte sammeln „spannender und sozialer" machen könnte, kam 2017 durch die TV-Sendung „Die Hölle der Löwen" P.S. SUPER – TV – Sendung, denn die „Löwen (Unternehmer) haben begriffen „ALLEIN ist JEDER ein NIEMAND", denn als gezeigt wurde, wie gemeinsam gute Geschäftsideen groß gemacht werden konnten, hat mich persönlich beeindruckt! Der Grund war folgender, wenn ich „ganz allein" 12 Monate Punkte gesammelt habe, dann sah mein „persönliches Ergebnis" der letzten 3 Jahre so aus,

36 Monate = 190,-- Euro Auszahlung!

2016 = 6000 Payback-Punkte = 60,-- Euro Auszahlung
2017 = 8000 Payback-Punkte = 80,-- Euro Auszahlung
2018 = 5000 Payback-Punkte = 50,-- Euro Auszahlung

P.S. „Langweilig" und es fehlt eine „Motivation", wenn man „ganz allein Punkte" sammelt, deshalb fing ich an Marktforschung zu betreiben, ob es eine bessere Alternative in Zukunft geben könnte? Es ist natürlich logisch, dass von den 30 Millionen „Payback-Karten-Benutzer" einige aus verschiedenen Gründen viel mehr oder weniger Punkte in dieser Zeit gesammelt haben. Aber ich bin 1 Kunde von 30 Millionen Payback-Karten-Benutzern, der sich mit der Marktwirtschaft beschäftigt hat, ob und wie könnte man das Punkte sammeln „spannender und sozialer machen? Dadurch entstand eine Geschäftsidee, die wäre für Millionen Kunden so simpel und einfach wie Lotto spielen!

Was sich niemand vorstellen kann, wäre Payback 2018 auf meine Geschäftsidee gekommen, dann hätte es jeden Tag mehrere Punkte-Millionäre geben können, aber die hatten leider keine Zeit zum Lernen-Umdenken-Mitdenken, denen ist es egal ob das Punkte sammeln „spannend und sozial" ist! P.S. 20 Jahre gibt es Payback und die haben nichts dazu gelernt, deshalb hat man als Payback-Kunde nur diese langweilige Alternative!

Marktwirtschaft bedeutet für alle, Lernen-Umdenken-Mitdenken, denn ständig werden neue Ideen umgesetzt und angeboten! Wer das nicht begreifen will, könnte zu den Verlierern gehören. Ganz einfach – ODER?

„Dieter der coole Rentner“

Veröffentlicht seine Geschäftsidee für eine bessere Zukunft

„KUNDEN helfen KUNDEN beim PUNKTE sammeln“

durch

Löwen-Punkte (LP)

Voraussetzung für alle:

Unternehmer, Mitarbeiter und Kunden
sind bereit zum
Lernen-Umdenken-Mitdenken
den
ALLEIN ist JEDER ein NIEMAND

Thema:

Jetzt lade ich **„Dieter der coole Rentner“** Sie mit diesem Ratgeber „persönlich“ ein, wie die Geschäftsidee Schritt für Schritt entstand!

Die Wirtschaft ist das Herz eines Staates!

Jetzt lade ich **„Dieter der coole Rentner“** Sie mit diesem Ratgeber „persönlich“ ein, wie die Geschäftsidee Schritt für Schritt entstand und wie ich diese mir persönlich vorstelle:

„KUNDEN helfen KUNDEN beim PUNKTE sammeln“

durch

Löwen-Punkte (LP)

Jeder kennt die vielen Prospekte mit Produktangeboten, die Woche für Woche verteilt werden. Wir lernen jetzt gemeinsam durch diesen Ratgeber, warum die Prospekte für Werbung wichtig sind, aber bis heute kaum einen sozialen und wirtschaftlichen Nutzen bringen. Wir lernen wie Fachexperten „symbolisch“ für Kunden daraus ganz einfach, ein Lottoschein machen könnten. Wenn es je nach Anbieter bis 10, 50, 100 bis 500 Einzelaktionen mit LP zur Auswahl angeboten werden, dann könnten diese Prospekte jeden Tag einen millionenfachen, sozialen und wirtschaftlichen Nutzen bringen! Diese Alternative sollte in Zukunft für Smartphone- und PC-Benutzer als Belohnung nur „DIGITAL“ angeboten werden.

Damit Sie sich das besser vorstellen können, zeige ich Ihnen, wie Produkte bis jetzt in Prospekten für die Werbung angezeigt werden die jedem bekannt sein dürften. Seit vielen Jahren benutze ich die Prospekte mit den vielen Einzelaktionen die jede Woche kostenlos verteilt werden. Je nach Anbieter stehen pro Prospekt bis 10, 50, 100 bis 500 zur Auswahl. Logisch, jeder benötigt andere Produkte. Hier Prospekt-Auszüge, wie die Einzelaktionen zum „SPAREN“ angezeigt werden.

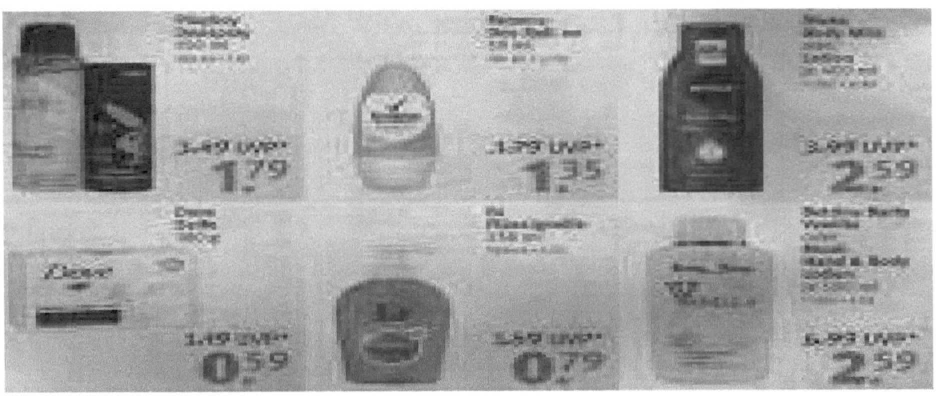

Das sind Beispiele, wie in allen Prospekten viele Sonderangebote zu sehen sind. Man sieht den UVP-Preis und den Verkaufspreis und die Einsparung. Deshalb könnten je nach Anbieter von bis zu 10, 50, 100 bis 500 Produkten zur Auswahl von der Verkaufspanne LP vergeben werden! Absolut kein Problem! ODER?

Hier ein weiteres Beispiel, wie seit vielen Jahren Produkte angeboten werden:

Wichtiger Hinweis: Beim Sparen mit oder ohne Punkte bin ich immer davon ausgegangen, was kommt in 12 Monaten dabei raus. Hat man dadurch mehr Taschengeld in der Hand oder nicht. Ein Geschäftsjahr hat auch 12 Monate. Deshalb ist diese Information sehr wichtig.

Frage: Wenn Sie 12 Monate lang Sonderangebote genutzt haben, dann konnten Sie viel Taschengeld in den Händen halten, um sich vielleicht größere Wünsche zu erfüllen – ODER ist es Ihnen genauso wie mir ergangen?

Antwort: Bei mir persönlich war es **leider** so, ich habe also 12 Monaten lang solche Sonderaktionen genutzt. In der Praxis bedeutet das, theoretisch habe ich in den 12 Monaten zwar eingespart, aber ich merkte es in der Praxis nicht. Ich hatte kein zusätzliches Taschengeld in der Hand, das ich eventuell nach 12 Monaten für größere Wünsche ausgeben könnte. Das bedeutet für mich, ich nutze zwar die Sonderangebote, die ich benötige, aber es fehlt eine Motivation.

Deshalb habe ich vor 15 Jahren einmal angefangen Payback-Punkte zu sammeln. Diese Dienstleistung gibt es seit 2000.

Ich wollte wissen, was kommt in 12 Monaten dabei raus und funktioniert alles. Der Vorteil war, die haben zum Punkte sammeln einige Alternativen, zum Beispiel Kreditkarten oder normale Punktekarten zur Auswahl. Das war der Grund für mich, dass einmal auszuprobieren. P.S. Hätten die nur Kreditkarten angeboten, dann gebe es 100%ig diesen Ratgeber nicht, weil dann ich keine Punkte gesammelt hätte. Ohne diese wichtigen Erfahrungen und Informationen, wäre die Geschäftsidee „Kunden helfen Kunden beim Punkte sammeln" niemals entstanden!

Ich habe dafür nur eine normale Punktekarte benutzt, weil ich mir jedes Jahr die Punkte auszahlen lassen wollte, wegen zusätzlich Taschengeld zur freien Verfügung, wo ich bestimme für was ich dieses Taschengeld ausgebe.

Zur Aktivierung gibt es bei Payback verschiedene Möglichkeiten. Ich zeige Euch wie man diese Payback-Angebote im Prospekt erkennen kann. Dazu ein Beispiel:

Das Problem war, die Auswahl ist zu gering gewesen, weil niemand kauft Produkte nur weil es dafür Punkte gibt, wenn 1 Punkt = 1 Cent Wert hat, außer man ist „DOOF". Deshalb habe ich keine Punkte gesammelt, wenn ich in einem anderen Prospekt das Angebot günstiger gefunden habe, welches ich benötigt habe. Also war es für mich logisch, Angebote zu nutzen die günstiger sind. Beispiel als Autofahrer habe ich nicht bei Aral getankt, weil es da Payback-Punkte gab, sondern bei der Tankstelle, wo das Benzin in der Nähe günstiger war, dadurch habe ich mehr gespart als mit Punkte. Es ist vollkommen normal, dass jeder eine andere Meinung darüber hat. Aber ich zeige Euch, wie die Idee aus meiner Sicht und meinen persönlichen Erfahrungen entstanden ist. **Wenn ich „ganz allein" 12 Monate Payback-Punkte gesammelt habe, dann sah mein „persönliches Ergebnis" der letzten 3 Jahre so aus,**

36 Monate = 190,-- Euro Auszahlung!

2016 = 6000 Payback-Punkte = 60,-- Euro Auszahlung
2017 = 8000 Payback-Punkte = 80,-- Euro Auszahlung
2018 = 5000 Payback-Punkte = 50,-- Euro Auszahlung

P.S. „Langweilig" und es fehlt eine „Motivation", wenn man „ganz allein Punkte" sammelt! Natürlich haben von den 30 Millionen „Payback-Karten-Benutzer" einige aus verschiedenen Gründen viel mehr oder weniger Punkte in dieser Zeit gesammelt. Ich wohnte in Landshut allein. Es gibt natürlich Payback-Kunden die mehr Personen im Haushalt sind oder in der Nähe mehr Anbieter haben. Der Vorteil durch das Punktesammeln aber war folgender:

Ich konnte bis heute **keine** Probleme feststellen.

Wenn ich mir heute so überlege, 15 Jahre mussten vergehen bis ich mir zufällig 2017 die TV-Sendung „Die Hölle der Löwen" angeschaut habe. Das gab mir eine Motivation mich einmal in Ruhe mit dem Punkte sammeln zu beschäftigen.

Das Ergebnis finden Sie in diesem Ratgeber. **Aber es hat einen NULL WERT**, solange es für Millionen Menschen, in einem Land nicht umgesetzt und angeboten wird! Ob und welches Land, ist bereit zum Lernen-Umdenken-Mitdenken?

Auf der Webseite von Payback konnte ich die Einzelaktionen so anschauen. Beispiel:

Hier kann man sehen, wie viel Punkte es gab für Einzelaktionen oder Sonder-Einzel-Aktionen!

Am 20.10.17 wurden 3 Einzelaktionen genutzt.
Am 28.10.17 wurde 1 Einzelaktion genutzt.
Am 04.11.17 wurden 3 Einzelaktionen genutzt.
Am 08.11.17 wurde 1 Einzelaktion genutzt.
Am 11.11.17 wurden 4 Einzelaktionen genutzt.
Am 15.11.17 wurde 1 Einzelaktion genutzt.
Am 05.12.17 wurden 4 Einzelaktionen genutzt.

Nr.	*Datum*	*Partner*	*Aktion*	*Pkt.*
1	15.10.17	Aral	sammeln	**8**
2	**20.10.17**	REWE	sammeln	**30**
3	**20.10.17**	REWE	sammeln	**36**
4	**20.10.17**	REWE	sammeln	**15**
5	28.10.17	REWE	sammeln	**4**
6	**04.11.17**	REWE	sammeln	**18**
7	**04.11.17**	REWE	sammeln	**70**
8	**04.11.17**	REWE	sammeln	**35**
9	08.11.17	PAYBACK Visa	sammeln	**90**
10	**11.11.17**	real	sammeln	**116**
11	**11.11.17**	real	sammeln	**99**
12	**11.11.17**	real	sammeln	**9**
13	**11.11.17**	real	sammeln	**29**
14	15.11.17	REWE	sammeln	**8**
15	**05.12.17**	real	sammeln	**84**
16	**05.12.17**	real	sammeln	**63**
17	**05.12.17**	real	sammeln	**36**
18	**05.12.17**	real	sammeln	**21**

Ich hoffe das hat erst einmal jeder verstanden. Dieses Beispiel wird für die Erklärung noch wichtig sein, denn man kann hier 18 Einzelaktionen sehen für die es unterschiedlich Punkte gab. Die niedrigste Aktion mit 4 Punkten = 4 Cent und die höchste Aktion mit 116 Punkten = 116 Cent. Weitere Punkt und Cent Werte sind 30 Punkte = 30 Cent, 36 Punkte = 36 Cent, 15 Punkte = 15 Cent, usw.!

Logisch, dass vom Punkte sammeln niemand „REICH oder 1 Million Euro Millionär" werden könnte. Das wäre deshalb auch durch LP sammeln niemals möglich. Deshalb wäre das LP sammeln, nur eine <u>bessere Alternative</u> zur Erhöhung der Kaufkraft, als wenn jeder ganz allein Punkte sammelt!

Aber es gibt ein Sprichwort, das sich jeder einprägen sollte **„Kleinvieh macht auch Mist"!** Denn Sie lernen in diesem Ratgeber, was ich damit persönlich meine.

Deshalb kann ich „Payback" auch **„NUR"** jedem „persönlich" Empfehlen der auch in Zukunft **ganz allein Punkte sammeln** möchte und Anbieter dafür in der Nähe hat.

Wichtig! Wenn es verschiedene Alternativen gibt, entscheidet jeder selber welche er nutzt, bedeutet „freie soziale Marktwirtschaft"! Entweder man sammelt keine Punkte oder ganz allein Punkte. Bei meiner Geschäftsidee „Kunden helfen Kunden beim Punkte sammeln" könnten sich dagegen Millionen Kunden in einem Land gegenseitig durch LP sammeln helfen.

Da ich auf der Webseite immer suchen musste, wie man die Punkte auszahlen lassen kann, erkannte ich den Zweck der Fachexperten, die das Projekt für die Dienstleistung Payback erarbeitet haben. Das Hauptziel von Payback besteht darin, die „American Express Karte" zu vermarkten und Prämien zu verkaufen und es ist als „Kundenbindungsprogramm" gedacht. Bedeutet, wenn Punkte gesammelt werden, dann sollten die Kunden auch wieder bei einem Punkte-Anbieter die Punkte umsetzen. Das war aber für mich unwichtig. Sondern ich allein konnte entscheiden für was ich mein Taschengeld (Auszahlung von Punkten) ausgebe.

Ich wusste das, deshalb hatte ich damit kein Problem.

Mich haben die Prämien **NIE** interessiert und die „American Express Karte" auch nicht. Da aber bei Payback eine Auszahlungsmöglichkeit für Punkte besteht, kann ich diese Dienstleistung als seriös einstufen. Den für alle die allein Punkte sammeln wollen, kann ich nur sagen, funktioniert ohne Probleme!

Vielleicht könnten Sie in Zukunft LP sammeln, nur weil ich durch meine Einstellung zum Payback-Punkte sammeln folgendes festgestellt habe?

Wie man in 12 Monaten zusätzlich Taschengeld zur freien Verfügung hat!

Ich hatte in 12 Monaten (2016) 60 Euro und (2017) 80 Euro Taschengeld, zu freien Verfügung, wo ich bestimmen konnte was ich damit mache. Das bedeutet, dass Punkte sammeln ist damit eine winzige Verbesserung gewesen, wenn man in 12 Monaten zusätzlich Taschengeld zur freien Verfügung haben will, als wenn man keine Punkte sammeln würde, egal wie viel dabei rauskommt. Wenn man es so macht, wie ich es gemacht habe. Wie die anderen es machen ist mir egal. Aber nur so, kann jemand ganz einfach den Unterschied erkennen, der den Ratgeber gelesen und verstanden hat

Frage: Wie könnte es jeden Tag viele LP-Millionäre geben?

Antwort: Es ist ganz einfach, denn aus allen Prospekten, die Woche für Woche von Prospektverteilern verteilt werden, könnte man in Zukunft „symbolisch“ ein Lottoschein machen mit bis zu 10, 50, 100 bis 500 LP-Einzelaktionen zur Auswahl, je nach LP-Anbieter, zum Beispiel Autos, Möbel, Elektrowaren, Baumarkt, Lebensmittel, Drogerien, etc.!

Logisch jeder kauft bzw. benötigt andere Produkte. Es müssen in einem Land nur die Hersteller und Anbieter von Produkten, die jede Woche in einem Land in den Millionen Prospekten angeboten werden, dafür sorgen das „richtige Fachexperten“ den Auftrag bekommen meine Geschäftsidee „Kunden helfen Kunden beim Punkte sammeln“, so „richtig und seriös“ umzusetzen und anzubieten, wie ich es mir zum LP sammeln persönlich vorstelle.

In diesem Ratgeber gibt es genügend Vorschläge dafür. Für den Rest sollen die Fachexperten versuchen Ihren Verstand zu benutzen! Mehr kann ich nicht TUN!

Keiner kann durch die Veröffentlichung dieses Ratgebers mehr sagen, es geht nicht oder darüber sinnlos diskutieren und nach Gründen und Ausreden suchen. Jahrelang wurde die Verkaufsspanne für Sonderangebote in den Prospekten und für Kundenkarten genutzt für Rabatte, Punkte sammeln, Prozente, etc. die bis heute keinen sozialen und wirtschaftlichen Nutzen gebracht haben!

Ich kann leider in diesem Ratgeber nur versuchen den Menschen zu erklären, dass jeder allein ein niemand ist und wenn sich Millionen Menschen gegenseitig helfen würden, ein viel größerer Nutzen für die Menschen im Land herauskommen könnte.

Hier können Sie einen Beweis sehen, wie einfach in Zukunft „symbolisch“ aus allen Prospekten ein Lottoschein mit bis 10, 50, 100 bis 500 LP-Einzelaktionen zur Auswahl gemacht werden könnte, denn jeder benötigt andere Produkte!

Dazu folgender Hinweis: Ich habe im Juli 2019 an die Firma Arvato, die das Projekt für DeutschlandCard gemacht haben, ein USB-Stick mit einem Video per Post zugeschickt und denen in diesem Video über meine Geschäftsidee berichtet und erklärt, wie man aus allen Prospekten symbolisch ein Lottoschein machen könnte, mit 30 bis 50 Einzelaktionen zur Auswahl. Die wollten zwar mit mir darüber **nicht** reden, haben aber eine Idee davon genutzt.

Im August gab es ein Prospekt mit über 30 Einzelaktionen für die Kunden von DeutschlandCard zur Auswahl, genauso wie ich es mir vorgestellt habe!

Diese Kunden sammeln aber alle ganz allein Punkte.

Das ist der beste Beweis, wie einfach **„richtige Fachexperten“** meine Vorschläge umsetzen und anbieten könnten, **WENN SIE ES WOLLEN** und begriffen haben! Wenn DeutschlandCard und Payback, diese Möglichkeit für Ihre Kunden, die allein Punkte sammeln wollen anbietet, habe ich kein Problem damit. In diesem Ratgeber geht es darum „Alternativen“ anbieten und der Kunde entscheidet, welche er nutzt.

Logisch, wenn jeden Tag Millionen Kunden ganz allein Punkte sammeln, kann es nicht jeden Tag viele Punkte-Millionäre geben, wenn 1 Punkt = 1 Cent Wert hat! **Aber das war für mich der 100%ige Beweis, dass es für Fachexperten kein Problem ist, aus allen Prospekten symbolisch ein Lottoschein mit bis zu 500 LP-Einzelaktionen zu machen.**

Ich habe natürlich kein Problem damit, wenn für Kunden die ganz ALLEIN Punkte sammeln wollen, diese Alternative ebenfalls angeboten wird. Jeder soll in Zukunft selber entscheiden, ob und wie er Punkte sammelt. Mir geht es nur darum, es soll den Millionen Menschen im Land, die mithelfen würden bei der Reduzierung von sozialen und wirtschaftlichen Problemen, auch meine Alternative als Chance in Zukunft ebenfalls angeboten werden! Mehr nicht.

An diesem Beispiel können Sie sehen, wie einfach das wäre, so eine Alternative für meine Geschäftsidee „Kunden helfen Kunden beim Punkte sammeln" auch durch die Vergabe von LP zu nutzen. **Stellen Sie sich als Beispiel ein Prospekt von Kaufland mit 42 Seiten und bis 500 LP-Einzelaktionen zur Auswahl vor!**

Einladung zur Marktforschung für eine neue Geschäftsidee zum Punkte sammeln, wer möchte kann jetzt selber nachschauen ob und wie man auf diese Geschäftsidee kommen kann. Logisch, nur wer dazu Interesse hat?

Jetzt benötigen Sie Internet, wenn Sie Interesse haben, selber einmal ganz in Ruhe am PC oder Smartphone Marktforschung zu betreiben. Sind Sie bereit? Dann geht's los! P.S. Ich habe alles am PC gemacht, da ich vom Smartphone keine Ahnung habe. Deshalb weiß ich natürlich nicht, ob das mit Smartphone auch funktioniert.

Ziel: Gemeinsam Lernen-Umdenken-Mitdenken, ob wir eine „seriöse" Alternative finden, um das Punkte sammeln „spannend-sozial-wirtschaftlich-klimafreundlich" zu machen, die Millionen Menschen begreifen und nutzen könnten für eine bessere Zukunft ohne sinnlose Diskussionen?

Schritt für Schritt Lernen Sie, was Sie wissen müssen und wie wir das Punkte sammeln gemeinsam in Zukunft nutzen könnten, wenn es dafür „richtige Fachexperten" im Land gibt, die den Ratgeber und die Vorschläge verstanden haben. Sie müssen dafür nicht studiert haben und auch kein Payback-Kunde sein, sondern nur das machen, was ich jetzt auch mache. Sie haben jetzt durch diesen Ratgeber den Vorteil, dass Sie dafür nicht 20 Monate benötigen und auch keine Vertriebsmarketing Ausbildung machen müssen, die ich dafür benötigt habe, als ich damit angefangen habe. Für mich ist es logisch das viele hinterher sagen werden: „es ist so einfach, warum ist noch keiner auf diese Idee gekommen"? Aber das ist ganz normal. Deshalb biete ich jeden der diesen Ratgeber besitzt, die Möglichkeit sich einmal „symbolisch" auf mein Stuhl zu setzen und selber die Erfahrung zu sammeln, wie man auf eine Geschäftsidee kommen kann, die einen Millionen sozialen und wirtschaftlichen Nutzen für ein Land bringen könnte, wo diese durch Fachexperten so umgesetzt und angeboten wird, wie ich es mir persönlich vorstelle. Jetzt geht es los. Dafür benutzen wir im Internet die „Google-Suche".

Geben Sie bei Google-Suche „payback“ ein und danach auf die Webseite von payback.net klicken und dann auf „ÜBER PAYBACK“ und schon sehen Sie die Daten & Fakten über diese Dienstleistung. P.S. Diese Informationen stehen jedem im Internet zur freien Verfügung, ohne dass man Payback-Kunde sein muss. Ich hatte mir 15 Jahre lang diese Informationen auch „NIE“ angeschaut. Wenn ich das schon eher mal gemacht hätte, vielleicht wäre ich dann schon eher auf diese Idee gekommen. Diese sind für uns aber zum Lernen Interessant und wichtig.

Was kann man daraus erkennen?

Wir sehen Payback ist eine Tochtergesellschaft und wer das Projekt mit den dafür erforderlichen Fachexperten (Logistik, Programmierer, Marketing, usw.) zuerst erarbeitet hat, damit die Dienstleistung Payback GmbH entstehen und gegründet werden konnte.

P.S. Mein Wunsch war, diese Fachexperten sollten durch Geschäftsführer von Payback von meiner Geschäftsidee erfahren, um eventuell in Zukunft für die Kunden von Payback diese als 2. zusätzliche Alternative anzubieten. Aber leider wollte von Payback niemand sich mit mir darüber unterhalten, Sie hatten keine Zeit dafür. Die sind eigentlich schuld, dass ich daran ganz allein weiter gearbeitet habe und diese jetzt veröffentlichen muss. So etwas passiert, wenn 1 Payback-Kunde der 15 Jahre „Stammkunde“ von 30 Millionen Payback-Kunden ist und denen mitteilt, dass es jeden Tag viele Punkte-Millionäre geben könnte, wenn man es „spannend und sozial“ anbieten würde.

Der Start in Deutschland war 2000. Im September 2017 waren es 30 Millionen Kunden, jetzt wie Sie sehen können 31 Millionen Kunden. Schauen Sie sich einmal in Ruhe die Daten & Fakten an, denn die sind für uns wichtig, wenn wir das Punkte sammeln „spannender und sozialer“ machen wollen. Da gibt es eine Zeile wo folgendes steht:

Einsatz der Karte: Sie wird täglich rund 5 Millionen Mal / pro Tag an den Kassen der Partner vorgezeigt! P.S. 2017 waren es 4 Millionen Mal!

Diese Zeile ist für uns sehr wichtig! Der Grund dafür ist ganz einfach, wenn 5 Millionen am Tag so eine Punktekarte benutzen, müssen wir einmal nachschauen, ob wir eine Lösung finden, damit es jeden Tag viele Punkte-Millionäre geben könnte? **P.S.** Als ich das gelesen habe, da hat es bei mir im Kopf sofort Klick gemacht. Der Grund war, ich hatte in Bayern von 1991-1995 Ausbildungen im Vertriebsmarketing. Mein Spezial-Gebiet war MLM.

Das bedeutet, ich war dadurch ein MLM-Marketing-Experte geworden. Ich weiß alles darüber, warum Idioten MLM als Schneeballsystem bezeichnen, wann und wie es erfunden wurde, wie es missbraucht und Geschäftsschädigungen verursacht wurden, die sogar dadurch Firmen in die Pleite getrieben haben! **Wir benötigen aber nur die MLM-Software, für die automatische Verteilung von LP pro Einzelaktion auf Produkte und Dienstleistungen!**

Jetzt haben wir aber in Deutschland folgendes Problem: Ich kenne einige Ursachen warum manche nur, wenn Sie den Namen MLM lesen oder hören, sofort sagen es ist ein Schneeballsystem! Die Antwort dafür ist ganz einfach: Wenn ich jemanden nur die Frage stelle, kennst Du MLM? Dann bekomme ich die Antwort NEIN oder JA kenne ich, es ist ein Schneeballsystem, denn da muss man Leute suchen und die müssen wieder Leute suchen und die Letzten beißen die Hunde! **So sieht die Wahrheit für dieses Problem aus!**

P.S. Bei meiner Geschäftsidee „Kunden helfen Kunden beim Punkte sammeln" gibt es genauso wie beim Lotto für jeden Durchgang festgelegte Klassen/Ebenen für die Gewinnverteilung oder LP-Verteilung. Niemand darf oder muss dafür jemanden suchen! ODER, es wäre ein „unseriöser Anbieter" der diesen Ratgeber benutzt, um das schnelle große Geld machen zu können! Nutzen Sie niemals solche Angebote!

Beim Lotto zum Beispiel „6 aus 49", gibt es 9 Klassen/Ebenen und 2 Durchgänge (Mittwoch und Samstag). Dagegen beim LP sammeln mit **NUR** 4 Klassen/Ebenen, könnte es jeden Tag bis 10, 20 oder noch mehr Durchgänge geben! JEDER hat genauso wie beim Lotto die gleichen Chancen.

Genauso, wie beim Lotto spielen muss NIEMAND beim LP Sammeln, jemanden suchen oder den Letzten beißen die Hunde! Beim Lotto füllen Sie 1 Tippschein oder mehrere Tippscheine aus und beim LP Sammeln suchen Sie je nach LP-Anbieter 1 LP-Einzelaktion oder mehrere LP Einzelaktionen aus, die Sie benötigen.

So einfach kann MLM von Fachexperten eingesetzt werden, wenn man Ahnung von MLM hätte! Oder haben Sie schon einmal gehört das Lotto spielen ein Schneeballsystem ist? Ich jedenfalls nicht! Aber kein Problem. Da ich diesen Ratgeber für Fachexperten, Unternehmer, Mitarbeiter und Kunden schreibe, die bereit sind durch meine „persönlichen" negativen und positiven Erfahrungen zum Lernen-Umdenken-Mitdenken, berichte ich darüber im Teil zum Thema: MLM und Schneeballsystem?

Ich wäre natürlich „Dieter der böse Rentner", wenn ich Ihnen in diesem Ratgeber nicht erklären würde, warum ich mit MLM kein Problem habe und für mich alle die solche Gerüchte verbreiten „Idioten" sind, nur weil Sie davon keine Ahnung haben oder nicht haben wollen! Da ich bereits 66 Jahre bin und ich die Ursachen für das Problem kenne, werde ich in diesem Ratgeber einige persönliche Erfahrungen über Vertriebsmarketing veröffentlichen!

Vielleicht hilft es auch Personen, die Haupt- oder nebenberuflich im Vertrieb arbeiten. Ich habe vieles durch theoretische und Praktische Ausbildungen und durch verschiedene Bücher und Medien gelernt. In diesem Ratgeber geht es um, gemeinsam Lernen-Umdenken-Mitdenken! Es muss nur jeder selber entscheiden ob er dafür bereit ist oder nicht.

Seit über 50 Jahre gibt es MLM! Aber kaum einer in Deutschland weiß, egal ob Fachexperten, Unternehmer, Mitarbeiter und Kunden, was das bedeutet!

Normalerweise müsste es ab der 8. Klasse einen Unterricht geben über Vertriebsmarketing, damit jeder den Unterschied kennt, was „seriös und was unseriös" ist. In diesem Ratgeber können Sie Lernen, was der Unterschied zwischen MLM und ein Schneeballsystem ist, weil nur durch eine Webseite mit einer MLM-Software, meine Geschäftsidee „Kunden helfen Kunden beim Punkte sammeln" funktionieren könnte. Deshalb musste ich nichts Neues erfinden, sondern nur eine Lösung finden, wie man es „richtig und seriös", zum LP Sammeln nutzen könnte. Ganz einfach – ODER?

Ich hoffe ich kann mit diesem Ratgeber, wenigstens auch den Menschen helfen, die bis jetzt noch keine Ahnung davon hatten. Deshalb habe für Euch auch den Extra Info-Teil zusammengestellt, wie wir das gemeinsam Schritt für Schritt Lernen können. Oder wollen Sie in Zukunft ein „Idiot" sein, nur weil Sie keine Ahnung davon haben, denn so bezeichne ich Personen, die Gerüchte darüber verbreiten. Deshalb betrachten Sie das als kleinen Privatlehrgang von mir, da ich meinen persönlichen Erfahrungen, die ich gesammelt habe an Sie durch diesen Ratgeber weitergebe! Jetzt machen wir aber erst einmal hier weiter.

Das bedeutet wir wollen nichts Neues erfinden, sondern herausfinden, ob und welche Möglichkeiten bietet die Marktwirtschaft, die wir dafür „richtig und seriös" nutzen könnten?

Mein Problem war, ich hätte nicht gedacht, dass es in Deutschland auch MLM-Programmierer gibt, sondern dass es die nur in Amerika gibt.

Frage: Wie finden wir in Deutschland MLM-Programmierer, die eine Webseite mit einer MLM-Software programmieren könnten?

Antwort: Gehen Sie mit mir auf „Google-Suche" und geben ein, „mlm-software" und da finden wir sogar in Deutschland einige Unternehmen, die so etwas programmieren könnten. Ich hätte das selber nicht für möglich gehalten. Deshalb wollte ich mich überzeugen, ob diese eine Webseite für die automatische Verteilung von Punkten so programmieren könnten, wie ich es mir persönlich vorstelle. Also habe ich persönlich folgende Unternehmen angerufen: In München sitzt die Firma „www.upline.de" und in Leipzig die Firma „www.beck-media.de", alle beiden haben mir unabhängig voneinander folgendes gesagt: „Man kann heute alles programmieren, es ist nur eine Frage des Geldes, es könnte aber auch Millionen kosten"! Das bedeutet, jeder der die Medien verfolgt, weiß dass es Fachexperten gibt, die heute tatsächlich alles programmieren könnten! Ich wollte nur eine Bestätigung haben, damit es sich lohnt an der Lösung weiter zu arbeiten. Dadurch stand für mich „persönlich" fest, es dürfte kein Problem geben eine Lösung für meine Geschäftsidee „Kunden helfen Kunden beim Punkte sammeln" zu finden, sondern nur wie lange ich dafür benötigen werde.

Jetzt haben wir für die Geschäftsidee „Kunden helfen Kunden beim Punkte sammeln“ eine Bestätigung, dass wir dafür in Deutschland nichts Neues erfinden müssen. Das bedeutet, einige Hersteller und Anbieter von Produkten, die in den Prospekten angeboten werden, müssten nur dafür sorgen, das Fachexperten, die Projekte für den Einzelhandel erstellen und zusammen mit Fachexperten für MLM-Programmierung den Auftrag bekommen, diese Geschäftsidee so umsetzen und anbieten könnten, wie ich es in diesem Ratgeber vorschlage. Wenn das in Deutschland nicht möglich wäre, dann dürfte es keine Dienstleistungen wie Payback und DeutschlandCard zum Punkte sammeln geben und auch keine MLM – Software-Programmierer. **Ohne diese wichtigen Voraussetzungen hätte ich an dieser Geschäftsidee überhaupt nicht gearbeitet!**

Jetzt Lernen wir gemeinsam, wie kommt man auf folgende Geschäftsidee

„KUNDEN helfen KUNDEN beim PUNKTE sammeln“
Copyright 2019 Vorschlag von Dieter Symmank

durch

Löwen-Punkte (LP)?

Jetzt schauen Sie auf die Rückseite des Ratgebers, da steht folgendes:

Eine Alternative für die Zukunft „SPENDEN-AKTION“ durch LP sammeln!

Beschreibung

Die Wirtschaft ist das Herz eines Staates!?
1 LP = 1 Cent und 10.000 LP = 100 Euro und 1.000.000 LP = 10.000 Euro
Jeden Tag viele LP-Millionäre?
Spannend – sozial – wirtschaftlich – klimafreundlich?
So simpel und einfach wie Lotto spielen?
Bis 10, 50, 100 bis 500 LP – Einzel-Aktionen zur Auswahl?
Digital für Smartphone- und PC-Benutzer?
Jeden Tag von 7 Uhr bis 22 Uhr und jede Minute?
Für Produkte und Dienstleistungen?
Ratgeber für eine bessere Zukunft?

WENN SIE ES WOLLEN?

Ich gehe davon aus, wenn jeder der diesen Ratgeber gelesen hat und alles was in der Beschreibung steht gelernt und verstanden hat, müsste danach genauso wie ich den Millionen sozialen und wirtschaftlichen Nutzen für jedes Land erkannt haben, wenn diese Alternative in Zukunft umgesetzt und angeboten werden könnte. Deshalb werde ich jetzt versuchen Ihnen die Beschreibungen Schritt für Schritt in Ruhe zu erklären. Dadurch lernen Sie sogar selber, wie man auf diese Geschäftsidee kommen kann.

LERNEN-UMDENKEN-MITDENKEN
denn
ALLEIN ist JEDER ein NIEMAND!

Danach könnte vielleicht auch jeder folgendes begriffen und verstanden haben?

Die Wirtschaft ist das Herz eines Staates!

Wir Lernen jetzt was folgende Beschreibungen bedeuten, ich stelle dazu eine Frage und gebe Ihnen die Antwort oder wir suchen gemeinsam die Antwort dafür:

Frage: Was ist ein LP-Millionär?

Antwort: Ich habe dafür eine LP – Tabelle als Muster gemacht:

Jeder Anbieter von Produkten und Dienstleistungen in einem Land, der in Zukunft ab 4 LP = 4 Cent durch Registrierung vergeben könnte, kann mithelfen das sich jeden Tag Millionen LP-Kunden „anonym“ gegenseitig helfen könnten!

Fast überall könnten Löwen-Punkte (LP) ab 4 Cent = 4 LP vergeben werden!

1 LP	=	**1 Cent**
4 LP	=	**4 Cent**
10 LP	=	**10 Cent**
50 LP	=	**50 Cent**
100 LP	=	**1 Euro**
500 LP	=	**5 Euro**
1.000 LP	=	**10 Euro**
5.000 LP	=	**50 Euro**
10.000 LP	=	**100 Euro**

1 LP	=	1 Cent
50.000 LP	=	500 Euro
100.000 LP	=	1.000 Euro
500.000 LP	=	5.000 Euro
1.000.000 LP	=	10.000 Euro
2.000.000 LP	=	20.000 Euro

1 LP = 1 Cent und 10.000 LP = 100 Euro und 1.000.000 LP = 10.000 Euro

Wichtiger persönlicher Hinweis: Wie jeder durch die Tabelle erkennen kann, geht es hier natürlich nicht wie beim Lotto um 1 Million Euro, sondern nur um 1 Million LP = 10.000 Euro. Für Lottospieler gibt es auch viele Alternativen zum „SPENDEN“, wie zum Beispiel, „6 aus 49“, „5 aus 45“, usw.! Wir wollen eine Alternative zum LP sammeln kennen lernen, wo es jeden Tag viele LP-Millionäre geben könnte, was logischerweise niemand erreichen könnte, wenn man ganz allein Punkte sammelt. So eine Alternative gibt es leider noch nicht. Vielleicht könnten durch diesen Ratgeber richtige Fachexperten in einem Land davon erfahren und vielleicht begreifen, dass das für die Zukunft und für die Wirtschaft wichtig wäre, wenn es eine „SPENDEN-AKTION“ durch LP sammeln, wie beim Lotto spielen geben würde! Ganz einfach – ODER?

Frage: Warum die Bezeichnung Löwen-Punkte (LP)?

Antwort: Ich bin am 28.07.1953 geboren im Sternzeichen “LÖWE” und zusätzlich ein persönlicher Dank, an die TV-Sendung „Die Hölle der Löwen“, ohne diese Sendung wäre ich NIE auf die Idee gekommen mich damit zu beschäftigen. Wer meine Geschäftsidee “Kunden helfen Kunden beim Punkte sammeln” so umsetzt und anbietet, wie ich es zum LP Sammeln in diesem Ratgeber beschrieben habe, darf diesen oder einen anderen Namen für die Punkte benutzen! Ich benutze diesen Namen als Beispiel für den Ratgeber.

Frage: Was bedeutet „spannend – sozial – wirtschaftlich – klimafreundlich?

Antwort 1 zu spannend: Sie haben irgendwo in Deutschland 1 Produkt = 1 Aktion gekauft und haben die Chance „**LP-Millionär = spannend**" zu werden, wo es LP dafür gab. Zum Lernen folgendes Beispiel: Sie haben folgendes Produkt (Kaffee) benötigt und gekauft, es gab dafür 20 LP!

Antwort 2 zu sozial: Sie haben dafür 20 LP erhalten, davon behalten Sie „**LP selber = spannend**" **und** „**SPENDEN = sozial**" automatisch und „anonym" LP davon an maximal 3 LP – Kunden.

Antwort 3 zu wirtschaftlich: Wenn es jeden Tag, durch LP sammeln „**mehrere LP-Millionäre = wirtschaftlich**" geben könnte, die sich vielleicht sogar ein neues Auto kaufen oder sonstige größere Wünsche erfüllen könnten, müsste eigentlich jeder begriffen haben, **welchen Wert Prospekte mit Produkten je nach LP-Anbieter bis 10, 50, oder 100 bis 500 LP-Einzelaktionen zur Auswahl haben könnten!**

Antwort 4 zu klimafreundlich: Die Prospekte mit Produkten zum LP sammeln werden nur „**DIGITAL = klimafreundlich**" für Smartphone- und PC-Benutzer angeboten. Vielleicht gibt es sogar Kunden, die sich ein klimafreundliches Auto kaufen könnten. Wer nicht bereit ist zum Lernen-Umdenken-Mitdenken, egal aus welchen Gründen, könnte in Zukunft diese Alternative nicht nutzen.

Ganz einfach – ODER?

Frage: So simpel und einfach wie Lotto spielen?

Antwort: Wir wollen jetzt einmal gemeinsam feststellen, ob das wirklich stimmt! Also schauen wir uns als erstes an, was macht ein Lottospieler?

Ganz einfach, das wäre 1 Tipp = 1 Aktion, die er ausfüllt und hat somit 1-mal die Chance Lotto-Millionär zu werden. Wenn er noch so einen Tipp ausfüllt = 2 Aktionen, dann hätte er 2-mal die Chance Lotto-Millionär zu werden. Logisch – ODER? Je mehr Tipps ausgefüllt werden, desto mehr Aktionen und desto mehr Chancen Lotto-Millionär zu werden! Durch die Medien weiß jeder, dass es schon Personen gegeben hat, die nur 1 Tipp = 1 Aktion ausgefüllt haben und das Glück hatten Lotto-Millionär zu werden. Beim Lotto spielen kann es aber passieren, dass man gar nichts gewinnt. Obwohl die Gewinnchancen im Lotto gering sind, spielen trotzdem jede Woche Millionen Menschen!

Jetzt schauen wir uns an, was würde ein LP-Kunde machen?

Angenommen es gebe in Zukunft viele LP-Anbieter und Sie benötigen das Produkt Kaffee und haben dieses Angebot gefunden. Das wäre 1 Produkt = 1 Einzelaktion für das es 20 LP gibt. Jetzt hätten Sie 1-mal die Chance LP-Millionär zu werden. Logisch, jeder weiß, ein Lotto-Millionär bedeutet 1 Million Euro zu bekommen, deshalb muss natürlich jeder wissen, was versteht man unter LP-Millionär? Ganz einfach:

1 LP = 1 Cent und 10.000 LP = 100 Euro und 1.000.000 LP = 10.000 Euro

Das bedeutet 1 Million LP = 10.000 Euro. Weil 1 LP = 1 Cent Wert hat! Da ich 15 Jahre Payback-Punkte gesammelt habe wusste ich, dass 1 Punkt = 1 Cent Wert hat, damit habe ich NIE ein Problem gehabt! Jeder kennt vielleicht das Sprichwort „Kleinvieh macht auch Mist“! Bei meiner Geschäftsidee „Kunden helfen Kunden beim Punkte sammeln“ geht es **nicht** um **„1 Million Euro“**, sondern um **„1 Million Cent“** darum habe ich Euch auch eingeladen zum Lernen-Umdenken-Mitdenken, damit jeder Schritt für Schritt begreifen und lernen kann, wie ich mir diese Geschäftsidee vorstelle, wenn diese „seriös“ umgesetzt und angeboten werden könnte durch geeignete Fachexperten! **Hier kann auch niemand jemanden falsche Versprechungen machen, vom schnellen großen Geld verdienen, REICH oder EURO-MILLIONÄR werden oder einen Nebenverdienst! Jeder hat durch diesen Ratgeber die gleichen Informationen.**

Millionen Menschen könnten jeden Tag durch diese „SPENDEN-AKTION“, so ähnlich wie beim Lotto spielen ganz einfach mithelfen durch LP sammeln die Kaufkraft zu erhöhen. Eine Alternative, um auch eine Chance zu haben, Ihre Arbeitsplätze durch LP sammeln zu sichern und gemeinsam, die sozialen und wirtschaftlichen Probleme in einem Land in Zukunft zu reduzieren. Es wäre für jedes Land eine große Hilfe, wenn es jeden Tag Kunden geben könnte, die sich vielleicht in Zukunft ein umweltfreundliches Auto kaufen oder sonstige größere Wünsche erfüllen könnten. Deshalb vergessen Sie niemals das wichtigste!

Die WIRTSCHAFT ist das HERZ eines STAATES!

Jetzt wird sich logischerweise und das ist vollkommen normal und hat nichts mit „DUMMHEIT“ zu tun, jeder die folgende Frage stellen: Woher soll das Geld kommen, wenn ich zum Beispiel nur 1 Produkt (Kaffee) kaufen würde und die Chance hätte LP – Millionär zu werden, um mir vielleicht ein neues Auto kaufen zu können oder sonstige größere Wünsche zu erfüllen? Wenn 1 LP = 1 Cent Wert hat? P.S. Ich habe sogar gestaunt, als ich mit Personen gesprochen habe die irgendwo Punkte sammeln, aber keine Ahnung haben oder wollen, wo das Geld herkommt, wenn Sie für Punkte einen Geldwert bekommen! Das Problem besteht nur darin, wenn bei Punkte-Anbietern, dass nur im klein gedruckten zu lesen ist, dass nur wenige Menschen lesen. Dadurch konnte ich im Internet auch einige negative Berichte lesen, wie zum Beispiel über DeutschlandCard: keine Punkte bekommen, nur falsche Versprechungen, usw.! Es ist heute logisch, fasst jeder hat ein Smartphone und dadurch gibt es natürlich Benutzer die Geschäftsschädigung über die Netzwerke betreiben können, um sich durch sinnlose Kommentare wichtig zu machen, ohne Ahnung davon zu haben. Deshalb lernen wir jetzt den nächsten Schritt:

Gewinnverteilung beim Lotto spielen und die Gewinnverteilung beim LP Sammeln?

Was macht ein Lottospieler, wenn er einen Tipp abgegeben hat? Er schaut sich, falls richtige Zahlen getippt wurden, die **Lottoquoten** an. Diese werden wir uns als Beispiel einmal etwas genauer ansehen.

Lottoquoten

Spieleinsatz: 42.030.813,00 €

Klasse	Anzahl Richtige	Gewinner	Quoten	Gewinner / Quoten
1	6 Richtige + SZ	0 ×	unbesetzt	0 × / unbesetzt
2	6 Richtige	2 ×	1.156.911,50 €	2 × / 1.156.911,50 €
3	5 Richtige + SZ	72 ×	10.946,70 €	72 × / 10.946,70 €
4	5 Richtige	621 ×	3.807,50 €	621 × / 3.807,50 €
5	4 Richtige + SZ	3.840 ×	205,20 €	3.840 × / 206,20 €
6	4 Richtige	35.797 ×	44,00 €	35.797 × / 44,00 €
7	3 Richtige + SZ	70.518 ×	22,30 €	70.518 × / 22,30 €
8	3 Richtige	655.735 ×	10,80 €	655.735 × / 10,80 €
9	2 Richtige + SZ	512.436 ×	5,00 €	

So kennt jeder Lotto Spieler die Bekanntgabe der Lottoquoten und hat damit kein Problem, das die Pyramidenartig verteilt werden, je nachdem wie viel Zahlen man richtig hatte.

Beispiel 1 - Lotto spielen „6 aus 49“: Es gibt dafür 1 Mittwoch-Ziehung und 1 Samstag-Ziehung. Jede Ziehung bedeutet 1 Durchgang. Für die Lottoquoten (Gewinnverteilung) gibt es festgelegte 9 Klassen/Ebenen. Vor jeder Ziehung sind diese leer. Nach einer Ziehung, wenn die Lottoquoten feststehen, werden diese je nachdem wie viel Zahlen jeder richtig hat „pyramidenartig“ verteilt. Bei jeder Ziehung (Durchgang) gibt es andere Lottoquoten. Pro Woche gibt es bei „6 aus 49“, 2 Ziehungen = 2 Durchgänge (1 am Mittwoch und 1 am Samstag), wo Gewinne verteilt werden! Ganz einfach – ODER? Das kann sich jeder leicht merken!

Beim Lotto 6 aus 49 gibt es 9 Klassen/Ebenen für die Gewinnverteilung. Ich bin mir zu 99% sicher, dass kein Lottospieler, der nur 1 Tipp = 1 Einzelaktion genutzt hat und die Chance hat Lotto-Millionär zu werden, die Frage stellen würde, wenn er die richtigen Zahlen dafür hätte, woher kommt das GELD? Da wird mir sicher Jeder Recht geben. Man kann sich das so vorstellen, vor einer Ziehung „SPENDEN“ die Lottospieler völlig „ANONYM“ durch die Bezahlung von Tippscheinen an den Dienstleistungsanbieter Geld. Bei jedem Tippschein sind die Gebühren, SPENDEN für soziale Projekte enthalten und der Betrag der in einen Topf geht für die Auszahlung (Lottoquoten-Gewinnverteilung). Es gibt also auch hier nichts umsonst, sondern ist ganz normal und für jeden eigentlich logisch zu verstehen – ODER?

Ich hoffe das müsste eigentlich jeder verstanden haben. Deshalb werden wir uns jetzt mit der Verteilung von LP beschäftigen. Da es für mich genauso einfach ist wie Lotto spielen, werde ich versuchen Ihnen das ebenfalls Schritt für Schritt wieder zu erklären.

Beispiel 2 - LP sammeln: Was sich niemand vorstellen kann, alle Unternehmer in einem Land, die Produkte herstellen und jede Woche in den Prospekten anbieten, könnten „symbolisch“ daraus ein Lottoschein mit bis 10, 50, 100 bis 500 LP - Einzelaktionen zur Auswahl für LP-Kunden machen. Damit sind alle Produkte gemeint, wo in Zukunft ab 4 LP = 4 Cent durch Registrierung vergeben werden könnten! Dadurch gibt es pro Durchgang bei nur 4 LP = 4 Cent auch 100%ig 1 LP-Millionär nach dem Sprichwort „Kleinvieh macht auch Mist“! Schauen Sie sich dieses Beispiel noch einmal in Ruhe an und stellen sich vor es wären LP-Einzelaktionen, die maximal durch 4 LP Kunden pro Aktion geteilt werden.

Das wäre das Herzstück zum LP sammeln und für die Verteilung!

Jeder Durchgang besteht aus 4 Ebenen x 100 Matrix		
1.Klasse/Ebene	**Anzahl pro Aktion**	**1 LP-Kunde pro Aktion**
2.Klasse/Ebene	**Anzahl pro Aktion**	**100 LP-Kunden pro Aktion**
3.Klasse/Ebene	**Anzahl pro Aktion**	**10.000 LP-Kunden pro Aktion**
4.Klasse/Ebene	**Anzahl pro Aktion**	**1.000.000 LP-Kunden pro Aktion**

Stellen wir uns mal folgendes vor. In Deutschland haben Fachexperten die Voraussetzungen für das Projekt „Kunden helfen Kunden beim Punkte sammeln" genauso umgesetzt, wie ich es in diesem Ratgeber beschreibe. Diese gründen eine Tochtergesellschaft (Dienstleistung) genauso wie Payback oder DeutschlandCard, nur mit dem Namen zum Beispiel **„Löwen-Punkte GmbH – Deutschland"**, aber die haben eine **Webseite mit einer MLM – Software für die automatische Verteilung von LP.**

Das bedeutet, auf dieser Webseite sind bereits einige Durchgänge vorprogrammiert die „leer" sind und werden dann automatisch durch LP-Kunden, die Produkte gekauft oder Dienstleistungen genutzt haben, wo es ab 4 LP = 4 Cent gab gefüllt.

Es gibt nur 4 Klassen/Ebenen für die automatische Verteilung von LP pro Aktion! Das bedeutet, **1 Durchgang besteht aus 1.010.101 LP-Einzelaktionen**, die automatisch durch die Registrierung an der Kasse bei der Dienstleistung auf der Webseite mit der MLM-Software gefüllt wird. **Ist ein Durchgang voll, dann wird automatisch der nächste gefüllt!**

Bei jedem Durchgang gibt es eine andere Punkteverteilung. **Unvorstellbar, wie viel LP-Einzelaktionen pro Minute am Tag an der Kasse in Deutschland bezahlt werden könnten, wenn die Produkt-Hersteller und Produkt-Anbieter diesen Ratgeber begreifen würden!** Auf diese Lösung bin ich erst im Januar 2019 gekommen. Wie wir wissen, bei Payback nutzen 5 Millionen Payback-Kunden pro Tag eine Payback-Punktekarte, das bedeutet, würden die dieses Herzstück zur Verteilung von Punkten benutzen, dann könnten die pro Tag mehr als 4 Punkte-Millionäre haben, so wie die es bis heute anbieten, wenn die Fachexperten gehabt hätten, die sich mit der Marktwirtschaft auskennen und überlegt hätten, wie man das Punkte sammeln spannender und sozialer machen könnte! Die sind innerhalb von 20 Jahren nicht auf so eine einfache Idee gekommen. Die haben vielleicht keinen Fachexperten der Ahnung von Vertriebsmarketing hat?

Denn bei nur 4 Punkten pro Einzelaktion, wären bereits mindestens 4 solcher Durchgänge voll! Wahnsinn – ODER?

Das Herzstück zum LP sammeln und die automatische Verteilung!

Jeder Durchgang besteht aus 4 Ebenen x 100 Matrix		
1.Klasse/Ebene	**Anzahl pro Aktion**	**1 LP-Kunde pro Aktion**
2.Klasse/Ebene	**Anzahl pro Aktion**	**100 LP-Kunden pro Aktion**
3.Klasse/Ebene	**Anzahl pro Aktion**	**10.000 LP-Kunden pro Aktion**
4.Klasse/Ebene	**Anzahl pro Aktion**	**1.000.000 LP-Kunden pro Aktion**

NUR 4 Klassen/Ebenen bedeutet, alle Unternehmer die Dienstleistungen oder Produkte anbieten, wo ab 4 CENT = 4 LP durch Registrierung vergeben und verteilt werden können, wären dafür geeignet. Dadurch könnten Millionen Kunden in einem Land **„selber“** mit dieser „SPENDEN-AKTION“ durch LP sammeln in Zukunft mithelfen **jeden Tag von 7 Uhr bis 22 Uhr und jede Minute**, von Montag bis Samstag und das jedes Jahr 12 Monate lang ihre Arbeitsplätze zu sichern, durch Erhöhung der Kaufkraft. Lesen Sie das jetzt in Ruhe durch:

Es gibt dafür eine Webseite mit einer MLM-Software und vielen festgelegten Durchgängen. **Jeder Durchgang** besteht **NUR** aus **1.010.101 LP-Einzel-Aktionen**, das bedeutet für jede LP-Einzel-Aktion gibt es logischerweise einen LP-Kunden!

Alle LP-Kunden werden automatisch in einer Klasse/Ebene von oben nach unten, der Reihe nach von links nach rechts auf einen freien Platz gesetzt pro LP-Einzel-Aktion, die gekauft bzw. bezahlt und sofort auf der Webseite registriert wurde.

1. Klasse/Ebene: NUR 1 Produkt = 1 Aktion / 1 LP Kunde = LP-Millionär

Der LP-Kunde, der automatisch in der 1. Klasse/Ebene gesetzt wurde, **behält seine LP selber** und hat die Chance von **1.010.100 LP-Einzelaktionen** von LP-Kunden automatisch und **„anonym“**, LP **„GESPENDET“** zu bekommen!

Das bedeutet, er hat die Chance „LP-Millionär“ zu werden, wenn „jeder LP-Kunde nur 4 LP = 4 Cent pro Aktion“ bekommen würde!

1 LP = 1 Cent und 10.000 LP = 100 Euro und 1.000.000 LP = 10.000 Euro

2. Klasse/Ebene: Die 100 freien Plätze werden jetzt von links nach rechts von 100 LP-Einzelaktionen automatisch gefüllt! **Die 100 LP-Kunden**, die automatisch pro Aktion in die 2. Klasse/Ebene gesetzt werden, **teilen Ihre LP pro Aktion durch 2!**

Das bedeutet, jeder behält LP „selber“ und „SPENDET“ automatisch und „anonym“ LP pro Aktion an 1 LP-Kunden in der 1. Klasse/Ebene!

Diese 100 LP-Kunden, haben aber die Chance von 10.100 LP-Einzelaktionen von LP-Kunden, LP pro Aktion „GESPENDET“ zu bekommen.

1 LP = 1 Cent und 10.000 LP = 100 Euro

3. Klasse/Ebene: Jetzt werden die 10.000 freien Plätze automatisch von links nach rechts mit LP-Einzelaktionen aufgefüllt! **Die 10.000 LP-Kunden**, die automatisch pro Aktion in die 3. Klasse/Ebene gesetzt werden, **teilen Ihre LP pro Aktion durch 3!**

Das bedeutet, man behält LP „selber“ und „SPENDET“ automatisch und „anonym“ LP einmal an die 2. Klasse/Ebene und einmal LP an die 1. Klasse/Ebene!

Diese 10.000 LP-Kunden, haben die Chance von 100 LP-Aktionen von LP-Kunden pro Aktion, LP „GESPENDET“ zu bekommen.

4. Klasse/Ebene: Jetzt werden von links nach rechts automatisch die letzten freien Plätze durch 1.000.000 LP-Einzelaktionen gefüllt. Dann ist dieser Durchgang voll und es beginnt ein neuer von vorn! **Die 1.000.000 LP-Kunden**, die automatisch pro Aktion in der 4. Klasse/Ebene gesetzt werden, **teilen Ihre LP pro Aktion durch 4!**

Das bedeutet, man behält pro Aktion LP „selber“ und „SPENDET“ automatisch pro Aktion, LP einmal an die 3. Klasse/Ebene, einmal an die 2. Klasse/Ebene und einmal an die 1. Klasse/Ebene!

ALLE haben in 1 Durchgang LP bekommen und sich gegenseitig beim LP Sammeln geholfen! Das bedeutet, je Durchgang gibt es 100%ig 1 LP-Kunden der nach Hause kommt und einen Grund zum Jubeln hat, weil er LP-Millionär geworden ist und sich vielleicht sogar ein umweltfreundliches Auto kaufen (P.S. Wenn in einem Durchgang jeder mehr als 4 LP = 4 Cent bekommen hat) oder sonstige größere Wünsche sich erfüllen könnte! Wenn Sie sich das Beispiel für die Vergabe von Punkten pro Einzelaktionen anschauen, dann wissen Sie was ich damit meine! So spannend und sozial könnte man in Zukunft Produkte und Dienstleistungen als Alternative für Millionen Kunden durch LP sammeln anbieten!

Bei jedem Durchgang gibt es eine andere LP Verteilung! Schauen Sie sich noch mal in Ruhe dieses als Beispiel an, was auch für die Vergaben von LP möglich wäre. Dann können Sie sich ja vorstellen, was bei Autos, Möbel, etc. möglich wäre! Haben Sie eine bessere Idee, wie man „spannend und sozial“ LP sammeln könnte?

Deshalb habe ich das auch mit Lotto spielen verglichen, weil für alle die Gewinnchancen gleich sind. Nur beim Lotto muss man einen

Lottoschein ausfüllen und beim LP Sammeln, kauft man Produkte, die benötigt werden und es dafür LP für die Verteilung gibt. Wie jeder in den Prospekten, die jede Woche verteilt werden sehen kann, gibt es Fachexperten für Marketing, die für Payback oder DeutschlandCard festlegen auf welche Produkte es Punkte gibt und wie viele Punkte vergeben werden.

Das bedeutet, die legen die Einzel-, Sonderaktionen für die Vergabe von Punkten für jeden Aktions-Zeitraum fest, der logischerweise auch immer wieder anders ist! Deshalb wäre in Zukunft die Arbeit von Marketing-Experten, die LP für LP-Anbieter und LP-Kunden festlegen würden 100%ig ein spannender und sozialer Beruf, weil man verfolgen könnte, ob und wie vielen Kunden geholfen wurde!

Für alle die LP sammeln würden, haben die gleichen Chancen. Wenn Sie das nächste Mal einkaufen gehen, dann beobachten Sie einmal, wie viel Einzel Produkte im Korb oder auf dem Band von Kunden liegen und in Ihrem Korb. Wenn Sie dann an der Kasse stehen und bezahlen, dann überlegen Sie mal, wie viel Kunden könnten in der gleichen Minute in Deutschland ebenfalls irgendwo Produkte gekauft und bezahlt haben und wie viel LP – Einzelaktionen dabei sein könnten, wenn es bis 10, 50, 100 bis 500 LP-Aktionen zur Auswahl ständen? Es wäre der absolute Wahnsinn – ODER? Man darf nur nicht sagen das geht nicht, sondern in Ruhe darüber nachdenken, wenn Kunden diese Alternative zum LP sammeln angeboten werden würde.

Vielleicht verstehen Sie jetzt das Sprichwort „<u>Kleinvieh macht auch Mist</u>“!

Durch die automatische Verteilung könnte es für Sie als LP-Kunden folgende **<u>spannende Möglichkeiten</u>** geben, wenn Sie von 1 LP-Anbieter mehrere (ab 2 Produkte und mehr mit LP) LP- Einzelaktionen benötigen würden.

Möglichkeit 1, man wird automatisch mit 1 Aktion auf den freien Platz in die 1 Klasse gesetzt = LP-Millionär und die anderen Aktionen werden automatisch in die 2. Klasse gesetzt, dadurch weitere Chancen LP von 10.100 LP – Aktionen LP zu erhalten!

Möglichkeit 2, Sie sind mehrmals in der 2 Klasse gesetzt und haben dadurch mehrmals die Chance von 10.100 LP-Aktionen (über 100 Euro) LP zu bekommen!

Möglichkeit 3, Sie sind mehrmals in der 3 Klasse gesetzt und haben dadurch mehrmals die Chance von 100 LP-Aktionen LP zu bekommen!

Möglichkeit 4, Sie sind zufällig mehrmals am Ende der 4. Klasse und mit 1 Aktion im nächsten Durchgang in der 1. Klasse und können LP-Millionär werden!

Für Millionen LP-Kunden, wäre es so simpel und einfach wie Lotto spielen!

Die offene Frage in Zukunft wäre nur, wie viel Millionen Menschen im Land spielen in einer Woche Lotto oder wie viel Millionen Menschen im Land haben in einer Woche Einzelaktionen an der Kasse bezahlt?

Deshalb kann sich genauso wie ich niemand vorstellen, wie viel Durchgänge es jeden Tag von 7 Uhr bis 22 Uhr und jede Minute von Montag bis Samstag und ein ganzes Jahr 12 Monate lang geben könnte, wenn es viele und je LP-Anbieter bis 10, 50, 100 bis 500 Einzelaktionen zur Auswahl geben würde!

P.S. Sie werden es nicht glauben, aber ich habe 2018 viele Möglichkeiten durchprobiert aber keine Lösung für eine Verteilung der LP gefunden, die mir zugesagt hat. Erst im Januar 2019 als ich Rentner war, hatte ich mehr Zeit und noch einmal einige Fachbücher gelesen, dadurch fand ich einen Hinweis der wichtig war, „je nach dem wo und wie MLM eigesetzt wird, könnte es für alle einen größeren Nutzen bringen, wenn die Verteilung von Prozenten, Punkten, Provisionen, etc. mehr in die breite und nicht wie üblich in die Tiefe geht“!

Durch diesen Hinweis und einigen Versuchen, bin ich auf eine **„SUPER-LÖSUNG“** gekommen. Ich habe dafür einen Namen und zwar es ist das **„HERZSTÜCK“** für die automatische Verteilung von Punkten, damit es jeden Tag viele Punkte-Millionäre geben könnte. Lernen Sie jetzt wie ich auf dieses Herzstück für die automatische Verteilung gekommen bin.

Frage: Was bedeutet Herzstück für die Verteilung von LP?

Antwort: Als Herzstück bezeichne ich einen festgelegten Durchgang, bestehend aus nur 4 Klassen/Ebenen x 100 Matrix = 1.010.101 LP-Einzelaktionen. Dann ist dieser Durchgang voll und es beginnt ein neuer Durchgang von vorn. Jetzt müssen Sie sich das ganz einfach so vorstellen, angenommen der Durchgang ist leer und Sie tragen jetzt von oben nach unten und von links nach rechts 1.010.101 Punkte ein, dann ist der Durchgang voll. Jetzt hätte 1 Person in der 1. Klasse 1.010.100 Punkte = Punkte-Millionär! Im Januar 2019 entstand dieses Herzstück, wo es bereits ab nur 4 LP = 4 Cent bei jedem Durchgang 1 LP-Millionär gibt. Schauen Sie sich das noch einmal in Ruhe an.

Jeder Durchgang besteht aus 4 Ebenen x 100 Matrix		
1.Klasse/Ebene	**Anzahl pro Aktion**	**1 LP-Kunde pro Aktion**
2.Klasse/Ebene	**Anzahl pro Aktion**	**100 LP-Kunden pro Aktion**
3.Klasse/Ebene	**Anzahl pro Aktion**	**10.000 LP-Kunden pro Aktion**
4.Klasse/Ebene	**Anzahl pro Aktion**	**1.000.000 LP-Kunden pro Aktion**

Bei diesem Beispiel sehen Sie noch einmal folgendes, es gab nur 1 x 4 Punkte, deshalb wollte ich eine Lösung finden, wo es ab 4 LP = 4 Cent einen LP-Millionär gibt.

Nr.	Datum	Partner	Aktion	Pkt.
1	15.10.17	Aral	sammeln	**8**
2	**20.10.17**	REWE	sammeln	**30**
3	**20.10.17**	REWE	sammeln	**36**
4	**20.10.17**	REWE	sammeln	**15**
5	28.10.17	REWE	sammeln	**4**
6	**04.11.17**	REWE	sammeln	**18**
7	**04.11.17**	REWE	sammeln	**70**
8	**04.11.17**	REWE	sammeln	**35**
9	08.11.17	PAYBACK Visa	sammeln	**90**
10	**11.11.17**	real	sammeln	**116**
11	**11.11.17**	real	sammeln	**99**
12	**11.11.17**	real	sammeln	**9**
13	**11.11.17**	real	sammeln	**29**
14	15.11.17	REWE	sammeln	**8**
15	**05.12.17**	real	sammeln	**84**
16	**05.12.17**	real	sammeln	**63**
17	**05.12.17**	real	sammeln	**36**
18	**05.12.17**	real	sammeln	**21**

Damit Sie folgende Frage verstehen lernen, gehen Sie wieder auf „Google-Suche" und geben „mlm-diagram" ein und dann auf Bilder.

Frage: Warum habe ich 2018 keine Lösung gefunden die mir zugesagt hat?

Antwort: Ich wusste durch meine Ausbildungen vor über 20 Jahren, wie man MLM im Vertrieb von Produkten und Dienstleistungen „richtig und seriös" einsetzen kann. Mein Problem war, im Vertrieb geht es aber in die Tiefe mit bis zu 20 Klassen/Ebenen und entweder 2 er Matrix, 3 er Matrix, 4 er Matrix, 5 er Matrix!

Das sind die häufigsten Möglichkeiten die benutzt werden. Wenn Sie die Bilder sehen, dann merken Sie auch was mit Matrix gemeint ist. Beispiel 5 er Matrix = Oben steht 1 Person, darunter 5, darunter 25, darunter 125, darunter 625, usw., wenn man diese Zahl wieder mal 5 rechnet.

Da ist es natürlich auch logisch, dass Personen die keine Ahnung von MLM haben, aber mit dem Taschenrechner, die Zahlen x 5 rechnen können innerhalb von 5 Minuten den Markt erschlossen haben und sagen den Letzten beißen die Hunde!

Was bedeutet MLM? Übersetzt nennt man es „Multi-Level-Marketing (MLM)"!

Multi = viele
Level = Klassen/Ebenen
Marketing = Je nachdem, ob und wie es in der Marktwirtschaft durch die Vermarktung von Produkten und Dienstleistungen „richtig und seriös" eingesetzt wird für die Verteilung von Gewinnen, Provisionen, Prozenten, Punkten, etc.!

Durch meine Ausbildungen habe ich damit kein Problem gehabt, aber ich suchte nach einer Lösung für einen **„geschlossenen Durchgang"** der automatisch gefüllt wird und wenn er voll ist, dann wieder automatisch von vorn beginnt. Damit es einen LP-Millionär gibt, stand ich vor der Frage: Ab wie viel LP ist es möglich um es „spannend und sozial" zu machen, damit Millionen Menschen sich gegenseitig helfen könnten?

Die Begründung dafür ist ganz einfach und für alle logisch: Millionen Menschen in einem Land stehen in 1 Minute gleichzeitig irgendwo an der Kasse und bezahlen Produkte! Auf ALLE Produkte im Handel gibt es eine Verkaufsspanne. Das kennt jeder seit vielen Jahren genauso wie ich aus den Prospekt-Angeboten, deshalb wäre jede sinnlose Diskussion darüber Zeitverschwendung!

Bei allen Möglichkeiten, die ich 2018 durchgerechnet habe, wären mindestens ab 8 LP bis 15 LP für jede Einzelaktion erforderlich gewesen, damit es einen LP-Millionär gibt. Ich wollte schon aufgeben, denn mein Ziel war, es sollten viele die Produkte oder Dienstleistungen anbieten, eine Chance haben, LP zu vergeben, wenn eine Registrierung möglich ist.

Aber im Januar 2019 entdeckte ich den Fehler denn ich gemacht habe. Ich las irgendwo in meinen MLM Büchern, dass MLM manchmal einen größeren Nutzen für Personen und die Wirtschaft bringt, wenn man in die Breite und nicht in die Tiefe geht! Als Rentner hatte ich jetzt Zeit und probierte einige Alternativen aus, **bis ich endlich es mit der 100 Matrix probiert habe!**

Jeder, der nur die Diagramme sieht und ehrlich ist, wäre bestimmt auch nicht gleich auf diese Idee gekommen. **Ich hätte es niemals für möglich gehalten, dass es mit NUR 4 CENT = 4 LP und nur 1.010.101 LP – Einzelaktionen bereits einen LP-Millionär geben könnte! P.S. „Kleinvieh macht auch Mist"!**

Damit hatte ich die Lösung für das Herzstück gefunden, pro Durchgang gibt es ab 4 LP = 4 Cent einen LP-Millionär!

Das bedeutet für die ZUKUNFT folgendes: „Dieter der coole Rentner" hat diese Geschäftsidee „Kunden helfen Kunden beim Punkte sammeln" NUR für LP-Anbieter gemacht, die ab 4 LP = 4 Cent Produkte und Dienstleistungen in Zukunft anbieten könnten, für die automatische Registrierung von LP!

Was sich jetzt niemand vorstellen kann, ist folgendes, deshalb setzen Sie sich jetzt einmal „symbolisch“ wieder auf meinen Stuhl:

Sie sind 66 Jahre und Rentner, Sie mussten ganz allein an dieser Idee arbeiten, weil niemand sich die Zeit dafür nehmen wollte mitzuhelfen. Sie sind unbekannt und bekommen 967,-- im Monat Rente. Sie haben sich jahrelang mit der Marktwirtschaft beschäftigt, kennen viele Ursachen, wie seit 50 Jahren Menschen, Arbeitslosigkeit, Firmenpleiten, soziale und wirtschaftliche Probleme verursachen.

Jetzt sind Sie auf eine Geschäftsidee gekommen, wie sich Millionen Menschen, die sowieso jeden Tag irgendwo an der Kasse stehen und Produkte bezahlen, sich gegenseitig mit LP sammeln helfen könnten und sogar in Deutschland umsetzbar wäre! Es müssten nur Hersteller und Anbieter von Produkten, geeigneten Fachexperten den Auftrag erteilen.

Sie wissen jetzt, dass diese Geschäftsidee „Kunden helfen Kunden beim Punkte sammeln“ logischerweise einen millionenfachen sozialen und wirtschaftlichen Wert für die Zukunft hätte, wenn es jeden Tag viele LP-Millionäre geben könnte!

Was würden Sie an meiner Stelle machen? Würden Sie diese Geschäftsidee irgendwann mit ins Grab nehmen? Oder durch die Veröffentlichung den Menschen eine Chance für die Zukunft geben?

Denken Sie darüber einmal in Ruhe nach. Es ist normal, bevor so eine Geschäftsidee umgesetzt und angeboten werden kann, könnten bis zu 3 Jahre vergehen. Deshalb glaube ich als Rentner, dass ich in Deutschland bei diesen Kommunikationsproblemen, kaum noch selber 12 Monate LP sammeln könnte.

Jetzt schauen wir uns noch einmal die Beschreibung an:

Die Wirtschaft ist das Herz eines Staates!?
1 LP = 1 Cent und 10.000 LP = 100 Euro und 1.000.000 LP = 10.000 Euro
Jeden Tag viele LP-Millionäre?
Spannend – sozial – wirtschaftlich – klimafreundlich?
So simpel und einfach wie Lotto spielen?
Bis 10, 50, 100 bis 500 LP – Einzel-Aktionen zur Auswahl?
Digital für Smartphone- und PC-Benutzer?
Jeden Tag von 7 Uhr bis 22 Uhr und jede Minute?
Für Produkte und Dienstleistungen?
Ratgeber für eine bessere Zukunft?

Haben Sie alles verstanden? Es war doch ganz einfach – ODER?

Ich habe mir Mühe gegeben und versucht Ihnen alles zu erklären was in der Beschreibung auf der Rückseite steht.

Jeden Tag von 7 Uhr bis 22 Uhr, jede Minute und von Montag bis Samstag, habe ich als Beispiel von meinem Wohnort und von Kaufland genommen. Es ist der Wahnsinn, wenn ich da einkaufen gehe und jedes Mal an diese Geschäftsidee „Kunden helfen Kunden beim Punkte sammeln“ Denken muss, und sehe wie viel Einzelaktionen eventuell an der Kasse bezahlt werden könnten und wie viel gleichzeitig zur selben Zeit (Minute) irgendwo in Deutschland ebenfalls an der Kasse Produkte bezahlen, wo automatisch LP „GESPENDET“ werden könnten.

Das aber kann sich nur jemand vorstellen, der genauso wie ich alles verstanden hat!

Jedes Jahr 12 Monate lang würde bedeuten, man bezahlt eine Jahresgebühr und wie viel LP könnte man in 12 Monaten sammeln? Das gilt für LP-Anbieter und für LP-Kunden. Der Grund dafür ist ganz einfach, Sie haben gelesen, es könnte auch Millionen kosten, deshalb wird alles durch Jahresgebühren finanziert. Das ist ganz normal, der Unterschied besteht nur darin, wie man als Kunde behandelt wird.

Der Vorteil besteht darin, jeder kann selbst überlegen, ob er nur 12 Monate LP sammelt oder Stammkunde wird, wenn er zufrieden ist. Ich hätte auch nicht gedacht, dass ich bereits 15 Jahre die langweilige Alternative von Payback nutze. Aber leider gibt es bis heute keine bessere Möglichkeit für Kunden die mit Punkte sammeln keine Probleme haben.

Für Produkte und Dienstleistungen bedeutet, ich habe in diesem Ratgeber nur Beispiele vom Einzel-Handel gezeigt. Natürlich könnten in einem Land, alle die Produkte und Dienstleistungen anbieten und ab 4 LP = 4 Cent LP vergeben können, wo es durch eine Registrierung für die automatische Verteilung der LP möglich ist.

Weil es wäre für mich logisch und normal, wenn so eine „SPENDEN-AKTION“ in einem Land umgesetzt und angeboten würde, wo Millionen Menschen selber mithelfen könnten um Ihre Arbeitsplätze zu sichern und in Zukunft soziale und wirtschaftliche Probleme zu reduzieren, dann wird es viele geben, die das begriffen haben und mithelfen wollen. Jetzt müsste eigentlich die Beschreibung jeder verstanden haben, wenn er will.

Wenn es jeden Tag in einem Land, Millionen Menschen gibt, die verstanden haben, wenn wir Produkte kaufen und Dienstleistungen nutzen wollen, müssen wir alle arbeiten gehen und wir brauchen dafür TASCHENGELD! Wenn Unternehmer-Mitarbeiter-Kunden gelernt und verstanden haben, dass JEDER ganz ALLEIN ein NIEMAND ist, dann könnte es in Zukunft eine „freie soziale Marktwirtschaft“ geben!

Ganz einfach – ODER?

Die WIRTSCHAFT ist das HERZ eines STAATES!

„Dieter der coole Rentner“

Veröffentlicht seine Geschäftsidee für eine bessere Zukunft

„<u>KUNDEN helfen KUNDEN beim PUNKTE sammeln</u>“

durch

Löwen-Punkte (LP)

Voraussetzung für alle:

Unternehmer, Mitarbeiter und Kunden
sind bereit zum
Lernen-Umdenken-Mitdenken
den
ALLEIN ist JEDER ein NIEMAND

Thema:

Meine persönlichen Vorschläge für die Finanzierung!

<u>Die Wirtschaft ist das Herz eines Staates!</u>

Vorschläge für Unternehmer und Fachexperten zum Thema: Finanzierung

1. Schritt – Finanzierung Projekt – Die Geschäftsidee!

Das so ein Unternehmen auch Geld für die Finanzierung benötigt, darüber sind wir uns sicher alle einig. Deshalb hier meine Vorschläge dazu.

Zuerst muss natürlich folgendes Projekt **finanziert** werden durch Hersteller und Anbieter von Produkten, die in den vielen Prospekten Woche für Woche angeboten werden und noch Millionen Gewinne erzielen.

1. Schritt - ***PROJEKT***
„KUNDEN helfen KUNDEN beim PUNKTE sammeln" Copyright 2019 Vorschlag von Dieter Symmank

Solange, wie geeignete Fachexperten in einem Land von Unternehmen die Produkte herstellen und anbieten, dafür keinen Auftrag bekommen, werden sich in dem Land auch in den nächsten 30 Jahren, die sozialen und wirtschaftlichen Probleme nicht reduzieren. Wer mir das nicht glauben will, kann ja 30 Jahre warten.

Damit Produkt-Hersteller und Produkt-Anbieter wissen, was Sie mit Ihren Millionen Gewinn machen könnten, müssen diese Unternehmer sich mal die TV-Sendung „Die Hölle der Löwen" anschauen, dann könnten diese von richtigen Unternehmern lernen, wie man mit Millionen Gewinn neue Ideen für eine bessere Zukunft mit Fachexperten nutzen und groß machen könnte!

Wenn geeignete Hersteller und Anbieter von Produkten diesen Ratgeber gelesen und verstanden haben und sagen, jawohl das ist eine „Alternative" für eine bessere Zukunft im Land! Dann sucht Euch geeignete „studierte Projektleiter/in" (Unternehmensberater), egal ob 1-3! Diese bekommen von Euch den Auftrag, dafür zu sorgen geeignete Fachexperten zu finden, die alle erforderlichen Voraussetzungen für das Projekt schaffen, genauso wie ich es mir persönlich vorstelle. In diesem Ratgeber gibt es genügend Vorschläge dafür. Es wurden Projekte geschaffen für Payback und DeutschlandCard, wo Kunden allein Punkte sammeln können. Deshalb muss logischerweise das „Rad" nicht neu erfunden werden, sondern „spannender-sozialer-wirtschaftlicher-klimafreundlicher" das Punkte sammeln angeboten werden. Damit danach eine Dienstleistung dafür gegründet werden könnte.

Ein Land das keine Unternehmer und Fachexperten hat, die diese Voraussetzungen schaffen könnten, ist für diese Geschäftsidee nicht geeignet. Ich weiß, dass es in Deutschland möglich wäre, wenn Unternehmer und Fachexperten es wollen.

SIE entscheiden, ob und wann SIE ES WOLLEN!

2. Schritt – Finanzierung Dienstleistung

2. Schritt - ***Dienstleistung***
LÖWENEN-PUNKTE GMBH - DEUTSCHLAND

Vorschläge, wie sich die Dienstleistung selber finanzieren könnte.

Logisch, diese Vorschläge sind für geeignete Fachexperten gedacht, die Ahnung für ein Finanzierungskonzept haben und nur diese können das überprüfen und wenn notwendig nach oben oder unten korrigieren. Diese Finanzexperten sollen auch von jeder Jahresgebühr von LP-Kunden einen Betrag zur „Motivation" mit einkalkulieren!

- **Die 1. Möglichkeit** für LP-Anbieter von Produkten oder Dienstleistungen die LP anbieten wollen, bezahlen pro Geschäft bzw. Laden eine Jahresgebühr von zum Bsp. 50 Euro + MwSt. für alle kleinen und die großen Laden-Ketten 100 Euro + MwSt. pro Geschäft bzw. Laden.
- **Die 2. Möglichkeit** für LP-Kunden die LP sammeln wollen, bezahlen eine Jahresgebühr von 50 Euro + MwSt.!
- **Die 3. Möglichkeit**, ist ein Shop auf der Webseite für Werbeschilder, Werbeaufkleber (Beispiel. Hier gibt's „Löwen-Punkte") und eventuelle FAN-Artikel, die gekauft werden könnten. P.S. Dafür könnten Kunden sogar Vorschläge einreichen.

Wenn man den „MARKT" (LP-ANBIETER und LP-KUNDEN) betrachtet der dafür zur Verfügung stehen würde, dann dürfte die Finanzierung kein Problem sein. Wenn Payback heute 31 Millionen Kunden hat und nur wenige Punkte-Anbieter, kann sich jeder vorstellen der diesen Ratgeber verstanden hat, wie viel LP-Stammkunden es in Zukunft geben könnte, wenn es jeden Tag „spannend und sozial" viele LP-Millionäre geben könnte.

P.S. Allein, wenn ich in meinem Wohnort bei Kaufland, Lidl, etc. einkaufen gehe und mir vorstelle, wenn es in den Prospekten bis 500 LP-Einzelaktionen zur Auswahl geben würde, wie viel von 7 Uhr bis 22 Uhr Kunden sich gegenseitig durch LP sammeln helfen könnten? Unvorstellbar, wie viel Durchgänge es pro Tag und wie viel LP-Millionäre es in Deutschland geben könnte!

Wenn Sie diesen Ratgeber gelesen haben, dann Denken Sie darüber nach, wenn Sie einkaufen gehen. Vielleicht können Sie es dann besser verstehen. Damit die Fachexperten auch bereit sind Ihren Verstand zu benutzen, habe ich einen Vorschlag zur **„MOTIVATION"** mir einfallen lassen! Voraussetzung:

Lernen-Umdenken-Mitdenken, denn ALLEIN ist JEDER ein NIEMAND!

„Dieter der coole Rentner“

Veröffentlicht seine Geschäftsidee für eine bessere Zukunft

„KUNDEN helfen KUNDEN beim PUNKTE sammeln“

durch

Löwen-Punkte (LP)

Voraussetzung für alle:

Unternehmer, Mitarbeiter und Kunden
sind bereit zum
Lernen-Umdenken-Mitdenken
den
ALLEIN ist JEDER ein NIEMAND

Thema:

Meine „persönlichen“ Vorschläge zur „Motivation“ für Fachexperten die das Projekt erstellen und Mitarbeiter für Dienstleistung!

Die Wirtschaft ist das Herz eines Staates!

Könnte es in Zukunft eine „Motivation“ für Fachexperten geben?

Vorschlag zur „Motivation“ für alle Fachexperten die „richtig und seriös mit Herz und Seele“ in Zukunft Millionen Menschen im Land helfen wollen, durch die Umsetzung meiner Geschäftsidee

„KUNDEN helfen KUNDEN beim PUNKTE sammeln“
Copyright 2019 Vorschlag von Dieter Symmank

Jeder hat in diesem Ratgeber das Sprichwort gelesen „Kleinvieh macht auch Mist“. Ich mache Euch (Fachexperten) einen Vorschlag, wie Ihr dieses Sprichwort als Motivation für Euch umsetzen könntet. Es ist ganz einfach, es müssen erst einmal alle Voraussetzungen Schritt für Schritt geschaffen werden.

Geschäftsidee für die Zukunft?

Es gibt viele Dienstleistungen die haben Millionen Kunden, verlangen Gebühren und haben bzw. bieten einen schlechten Kundenservice. Deshalb habe ich einen ganz einfachen Vorschlag zur „Motivation“ für Mitarbeiter einer Dienstleistung. Wie man schon mit 1 Euro von einer Jahresgebühr bereits 100 Mitarbeiter am Ende eines Jahres mit einer zusätzlichen Prämie belohnen bzw. motivieren könnte. Jeder weiß, wie viel Cent 1 Euro hat.

1 Euro = 100 Cent
10 Euro = 1000 Cent

Jetzt stellt Euch einmal folgendes vor, für diese Geschäftsidee muss der 1. Schritt also das Projekt von „geeigneten Fachexperten“ gemacht werden. JEDER der daran arbeiten würde, egal wer müsste auch in Zukunft LP „selber“ sammeln! Wer das nicht will dürfte an diesem Projekt auch nicht mitarbeiten! Der Grund dafür ist ganz einfach: Ich will, wenn diese Geschäftsidee in einem Land umgesetzt und angeboten wird, wie ich mir das persönlich vorstelle, alles „richtig und seriös“ gemacht wird. Sie sind danach im Hintergrund die Kontrolleure der Dienstleistung!

1. Schritt - ***PROJEKT***
„KUNDEN helfen KUNDEN beim PUNKTE sammeln“ Copyright 2019 Vorschlag von Dieter Symmank

Logisch, nur wer selber LP sammeln würde kann feststellen, ob alles so funktioniert, wie es gemeinsam erarbeitet wurde. Deshalb sollte „JEDER“ der dafür gesorgt hat damit dieses Projekt entstehen konnte, als „Motivation“ eine lebenslange Prämie **(vererbbar)** erhalten! Lebenslange Prämie bedeutet: Von jeder Jahresgebühr die von LP-Kunden bezahlt wird, bekommt jeder 1 CENT am Ende eines Jahres als Prämie. Jetzt wird natürlich jeder sagen, das ist aber wenig und keine Motivation!

Das Ziel für die Dienstleistung in Deutschland wäre, jedes Jahr mindestens 20 Millionen LP Stammkunden, was kein Problem sein dürfte für Fachexperten die von Marketing Ahnung haben. Das bedeutet, bei nur 20 Millionen LP-Kunden würde am Ende des Jahres jeder eine Prämie von 200.000 Euro bekommen als Motivation. Für mich ist es logisch, wenn das alles richtig gemacht wird, dann wird die Zahl der Stammkunden viel höher sein.

Die gleiche Motivation soll es auch für alle Mitarbeiter der Dienstleistung geben, nur mit einem geringen Unterschied!

2. Schritt - ***Dienstleistung***
LÖWENEN-PUNKTE GMBH - DEUTSCHLAND

Vorschlag zur Motivation für alle Mitarbeiter dieser Dienstleistung!

Alle Mitarbeiter könnten ebenfalls am Ende eines Jahres eine Prämie von 1 Cent von der Jahresgebühr erhalten, wenn folgende Voraussetzungen erfüllt werden!

Für Deutschland müssen mindestens 20 Millionen LP Stammkunden im Jahr erreicht werden, erst dann könnte jeder 200.000 Euro als Prämie erhalten! Jeder Mitarbeiter muss selber LP sammeln. Dadurch kann jeder Mitarbeiter selber seine Dienstleistung mit kontrollieren, ob es Probleme gibt oder alle zufrieden sind. Jeder Mitarbeiter kann diese Prämie erhalten, solange er für diese Dienstleistung arbeitet und nicht gekündigt wird. Wenn er in Rente geht, bekommt er diese Prämie bis zum Tod! **Diese Prämie darf aber nicht vererbt werden!**

Allein mit 1 Euro könnte man damit schon 100 Fachexperten dafür Belohnen. Mit 10 Euro könnten schon 1000 Fachexperten und Mitarbeiter „Motiviert“ werden. Es wäre eine neue Alternative zur Verbesserung von Dienstleistungen. Wer in so einer Dienstleistung nicht mit „Herz und Seele“ arbeitet, den würde ich kündigen!

Es sollte von Rechtsanwälten, die für diese Geschäftsidee arbeiten würden natürlich alles Vertraglich geregelt werden. Da die Rechtanwälte ebenfalls zu den Fachexperten gehören die LP sammeln und die Prämie bekommen, können diese den Markt selber kontrollieren, ob und wann die AGB verbessert bzw. geändert werden muss.

Warum mache ich solche Vorschläge?

Es gibt heute viele schlechte Dienstleistungen, weil den Mitarbeitern keine Motivation geboten wird, obwohl Millionen Kunden dafür Gebühren bezahlen müssen und dann schlecht behandelt werden. Es ist doch logisch, wenn ich als Unternehmer einer Dienstleistung einen Mitarbeiter einstelle, der nur am Monatsende sein Lohn/Gehalt haben will, aber dem die Kunden egal sind, ob die zufrieden sind oder nicht, dann liegt die Schuld beim Unternehmer!

Ständig wird im TV berichtet, das man als Kunde bei Dienstleistungen keine Kundenservice erreichen kann, habe ich selbst oft erlebt! Das bedeutet, es liegt an der Unfähigkeit der Unternehmer dieser Dienstleistungen, wo der Kunde nur als zahlender Kunde betrachtet wird.

Das „ALLERWICHTIGSTE" einer Dienstleistung ist der Kundenservice! Das bedeutet, wenn ich Chef einer Dienstleistung wäre, dann würde ich mindestens einmal im Monat meinen Kundenservice testen! Wenn ich dann selber niemanden erreiche oder stundenlang in einer Warteschleife stehe oder es sonstige Probleme geben würde, dann ist das keine „seriöse" Dienstleistung! Dann muss die Ursache dafür gefunden und beseitigt werden, ansonsten kann es passieren das Firmen dadurch Pleite gehen!

WICHTIG! Es gibt viele Dienstleistungen, wo der Kundendienst „SUPER" funktioniert. Deshalb niemals alle in einen Topf werfen, wenn im TV über schlechte Dienstleistungen berichtet wird!

Fehler die Unternehmer von Dienstleistungen machen!

Marktwirtschaft bedeutet, ständig wird etwas verändert oder verbessert und deshalb ist es wichtig den Markt immer im Auge zu behalten, ob man ebenfalls neuere und bessere Alternativen nutzen kann. Wer das nicht macht, ist ein schlechter Unternehmer und hat nie begriffen was Marktwirtschaft bedeutet!

Dazu von mir ein persönliches Beispiel zum Thema Punkte sammeln, warum ein Unternehmer immer bereit sein sollte zum Lernen-Umdenken-Mitdenken, denn ALLEIN ist JEDER ein NIEMAND!

Warum muss ich meine Geschäftsidee „Kunden helfen Kunden beim Punkte sammeln" veröffentlichen, obwohl ich 15 Jahre Payback-Kunde bin? Im Januar 2018 habe ich zum 1. Mal Payback über meine Geschäftsidee informiert und bekam folgende Antwort:

„Wir haben diese aufmerksam gelesen und sind beeindruckt von der kreativen Idee und auch der Mühe, die SIE sich gemacht haben. Diese wissen wir absolut zu schätzen! Aufgrund unserer vielfältigen Themen und unserer ständigen Erweiterung unseres Programms sehen wir derzeit leider keine Möglichkeit Ihren Vorschlag weiterzuverfolgen."

Das passiert, wenn man als 1 unbekannter Payback-Kunde von 30 Millionen Payback-Kunden einen Vorschlag hat, wie es „spannend und sozial" möglich wäre Punkte zu sammeln und es jeden Tag viele Punkte-Millionäre geben könnte!

Die haben mit Fachexperten 20 Jahre Erfahrungen sammeln können und sind nicht auf meine Idee gekommen. Ich habe allein nur ca. 2 Jahre dafür benötigt, weil für mich der wichtigste Mensch der Kunde und die Wirtschaft ist.

P.S. Frage: Was würde ich machen, wenn ich Geschäftsführer wäre und von einem Kunden diese Information bekommen würde?

P.S. Antwort: Ich würde selber sofort einen Termin machen oder einen Marketingexperten beauftragen sich darüber zu informieren, ob man die eigene Dienstleistung vielleicht verbessern könnte, wenn es jeden Tag Punkte-Millionäre geben könnte. Der Vorteil: Man besitzt Jahresstatistiken und könnte sogar dafür eine eigene Marktanalyse machen. Ganz einfach – ODER?

P.S. LOGISCH: Wenn ich 30 Millionen Kunden habe, die keine Probleme mit Punkte sammeln haben, aber es keine Motivation für diese Kunden gibt Punkte-Millionär zu werden, dann muss ich nicht studiert haben, um folgendes zu begreifen:

Wenn jemand anders, eine Alternative zum Punkte sammeln anbietet die „spannend und sozial" ist, weil Millionen Kunden sich gegenseitig helfen könnten ihre Arbeitsplätze zu sichern und soziale und wirtschaftliche Probleme zu reduzieren, wo es noch dazu jeden Tag viele Punkte-Millionäre geben könnte? Wo würden dann Millionen von meinen Kunden Punkte sammeln? Das bedeutet ich könnte Pleite gehen, nur weil ich ein Kommunikationsproblem mit dem eigenen Payback-Kunden hatte, der sich Gedanken gemacht hat, wie man es „spannender und sozialer" machen könnte. Danach könnte es zu Spät sein?

P.S. Frage: Warum werden solche Fehler gemacht?

P.S. Antwort: Als ich mir die Webseite von Payback genauer angeschaut habe, dann erkannte ich die „eventuelle" Ursache dafür. Wenn ein Unternehmer 30 Millionen Kunden hat und davon jeden Tag 4 Millionen an den Kassen eine Punktekarte benutzen, dann hat man doch eine sichere Dienstleistung, da benötigt man doch keine Vorschläge, wo es jeden Tag Punkte-Millionäre geben könnte – ODER? Deshalb gehen auch viele Unternehmen Pleite oder müssen Arbeitskräfte entlassen, weil Sie bis heute nicht begriffen haben, in einer Marktwirtschaft ist für jeden Unternehmer und seinen Mitarbeitern der KUNDE der wichtigste MENSCH! Marktwirtschaft bedeutet nicht Stillstand, sondern Verbesserungen durch neue und bessere Ideen! Viele haben deshalb schon Lehrgeld bezahlt, weil Sie stehen geblieben sind! (Kleiner Scherz vom „OSSI", die bauen seit 20 Jahren einen „Trabbi" und ich habe in 2 Jahren einen „Ferrari" daraus gemacht!)

Jeder der genauso wie ich den Markt beobachtet, findet dafür genügend Beispiele!

Wenn ich dagegen mit „NUR 1 Euro von der Jahresgebühr schon 100 Mitarbeiter" am Ende eines Jahres Motivieren könnte, überlegt sich doch jeder Mitarbeiter im Unternehmen, ob Ihm die Kunden egal sind oder nicht, wenn er bei schlechter Arbeit seinen Job verliert. Diese Prämie wird sofort von der Jahresgebühr mit einkalkuliert und beiseite gemacht, je nachdem wie viel Mitarbeiter beschäftigt sind.

Es wäre für „ALLE Mitarbeiter" der absolute Wahnsinn – ODER?

„Dieter der coole Rentner“

Veröffentlicht seine Geschäftsidee für eine bessere Zukunft

„KUNDEN helfen KUNDEN beim PUNKTE sammeln“

durch

Löwen-Punkte (LP)

Voraussetzung für alle:

Unternehmer, Mitarbeiter und Kunden
sind bereit zum
Lernen-Umdenken-Mitdenken
den
ALLEIN ist JEDER ein NIEMAND

Thema:

Meine „persönlichen“ Vorschläge für Projekt, Webseite und Dienstleistung!

Die Wirtschaft ist das Herz eines Staates!

Vorschläge für Fachexperten zum Thema;
Projekt, Webseite und Dienstleistung

Jeder Unternehmer und Fachexperte kennt die Probleme im Land.

- Seit 30 Jahren Ausländerfeindlichkeit, obwohl OHNE den Millionen Menschen aus verschiedenen Ländern, die in jedem Land arbeiten, keine Produkte hergestellt werden könnten. Ohne Wirtschaft kann niemals ein Land existieren.
- Ursache: Politiker und Behörden in allen Ländern, haben 30 Jahre nicht dafür gesorgt, dass alle Ausländer die Verbrechen begehen, egal welche und egal in welchem Land, sofort und ohne Probleme in Ihr Heimatland ausgewiesen und dort bestraft werden können. Ganz einfach – ODER! Einige Politiker benutzen die Ausländerfeindlichkeit für Ihre Machtkämpfe gegen andere Parteien.
- Das bedeutet, Ausländer die im Land Verbrechen begehen und nicht sofort in Ihre Länder zurückgeschickt werden, schaden den Ausländern die in einem Land ehrlich arbeiten, damit Produkte hergestellt werden können, weil unschuldige mit zu Opfern gemacht werden!
- Dadurch wird die Wirtschaft im Land gefährdet und Hass verbreitet!

Deshalb ein ganz einfacher Vorschlag zu meiner Geschäftsidee „Kunden helfen Kunden beim Punkte sammeln“: Seriöse Information und Aufklärung durch Videos!

- KEINE sinnlosen Diskussionen darüber, sondern durch einfache Aufklärungen mit einem Einführungs-Video. Zusammengestellt von Fachexperten, die diesen Ratgeber gelesen und verstanden haben. Darin soll gezeigt werden:
- Warum die Wirtschaft das Herz eines Staates ist!
- Das Produkte die hergestellt werden auch verkauft werden müssen und die Kunden dafür Taschengeld benötigen, ansonsten wird NIEMAND bezahlt!
- Wie Menschen jeden Tag arbeiten und trotzdem sich kaum etwas leisten können.
- OHNE Millionen Menschen aus verschiedenen Ländern, die in einem Land leben und arbeiten viele Produkte nicht hergestellt werden könnten und somit die Wirtschaft im Land nicht funktionieren kann!
- Wie in Zukunft, Fachexperten, Unternehmer, Mitarbeiter und Kunden in einer großen Gemeinschaft sich zum Beispiel: jeden Tag von 7 Uhr bis 22 Uhr und jede Minute von Montag bis Samstag und jedes Jahr 12 Monate lang sich gegenseitig helfen könnten durch LP sammeln!

Jeder könnte mithelfen, er muss nur bereit zum

Lernen –Umdenken-Mitdenken
denn
ALLEIN ist JEDER ein NIEMAND

Man bekommt LP, davon behält man LP „selber“ und „SPENDET“ automatisch und „anonym“ LP an andere LP-Kunden und das könnte jeden Tag passieren!

Es wäre eine „Motivation“ zum LP sammeln!

1. **NIEMAND weiß, mit wem seine LP in Deutschland geteilt werden oder welchen Beruf er ausübt oder Nationalität er angehört!!!**
2. **NIEMAND weiß, von wem er LP bekommt!!!**
3. **NIEMAND weiß, wie viel und welche Produkte von Kunden gekauft oder welche Dienstleistungen genutzt wurden und wie viel LP es dafür für die Verteilung gegeben hat!!!**
4. **Aber jeder wäre bereit „anonym“ LP zu „SPENDEN“ um anderen zu helfen!**

Jeden Tag könnte es viele Durchgänge und somit viele LP-MILLIONÄRE geben!!! P.S. Ich bin weder links- oder rechtsradikal noch ein Nazi, sondern das verstehe ich unter Demokratie für alle Menschen, die in einem Land leben! Wer damit ein Problem hat, egal aus welchen Gründen, wäre dafür nicht geeignet. Millionen Menschen egal in welchem Land haben noch nicht begriffen: Die Wirtschaft ist das Herz eines Staates! Wer aber stellt in jedem Land Millionen von Produkten her? Menschen aus verschiedenen Ländern!

Jeder Fachexperte der an dem Projekt arbeitet, sollte sich „symbolisch“ auf den Stuhl eines LP-Anbieters und eines LP-Kunden setzen. Die sind keine Fachexperten und würden viele Fragen dazu stellen! Das bedeutet, die Webseite muss so gestaltet werden, dass jeder durch ein Einführungsvideo mit guten Moderatoren und Animationen alles simpel und einfach erklärt bekommt! P.S. Im TV habe ich viele Sendungen gesehen, wo Millionen Zuschauern vieles dadurch „ganz simpel und einfach“ erklärt wird, genauso stelle ich mir die Webseite vor. Nur so kann man sinnlose Fragen und schlechte Kommentare vermeiden. Ich habe deshalb in diesen Ratgeber viele Fragen geschrieben, die durch Fachexperten viel besser und einfacher erklärt werden könnten. Betrachtet diese als Vorschläge für Euch.

Logisch, nur wenn alle LP-Kunden und LP-Anbieter genau wissen, wie alles funktioniert durch Kommunikation und Aufklärung, können falsche Gerüchte, sinnlose Diskussionen, Probleme erkannt, mitgeteilt und gemeinsam reduziert werden. Viele Unternehmer in einem Land könnten durch so eine „große Gemeinschaft“ Lernen, was „Kundenservice“ bedeutet, weil jeder selber irgendwo Produkte kauft oder Dienstleistungen nutzt!

Eine „richtige Zeitschrift für LP-Kunden und LP-Anbieter“, wäre die beste Kommunikation für ALLE und ist heutzutage kein Problem – ODER?

Ich stelle mir persönlich das so vor:

WICHTIG: Modern und Kundenfreundlich!

Jeder LP-Kunde kann im ABO eine Zeitschrift bestellen, zum Beispiel mit dem Namen "Kunden helfen Kunden beim Punkte sammeln". Diese sollte auch im Handel zum Kauf angeboten werden. Diese gibt es etweder 1 mal im Monat oder 1 mal im Quartall! In dieser Zeitschrift wird über folgendes berichtet:

- Über Fachexperten die am Projekt arbeiten oder gearbeitet haben.
- Wie gemeinsam Menschen aus verschiedenen Ländern, die im Land arbeiten sich durch LP sammeln gegenseitig helfen.
- Über Unternehmer die LP anbieten.
- Über Mitarbeiter die in Unternehmen arbeiten, wo für Produkte LP angeboten wird.
- Über Kunden die LP sammeln.
- Über gemeinsame monatliche Erfolge – Statistiken.
- Über eventuelle neue Vorschläge für die Zukunft.
- Über neue LP-Anbieter.
- Ob es irgendwelche Probleme gab oder noch gibt.
- Fragen von LP-Kunden & Antworten von Fachexperten.

Wenn es in Zukunft viele LP-Anbieter und LP-Kunden geben sollte, könnte es sogar dafür in Zukunft einen TV-Sender für diese große Gemeinschaft geben. Es ist nun einmal vollkommen normal, das in "JEDEM" Land Menschen aus verschiedenen Ländern wohnen und arbeiten und das wird auch in Zukunft so sein. Jeder hat eine andere Meinung, deshalb können auch in Zukunft keine Verbesserungen erreicht werden durch sinnlose Diskussionen!

Mein Vorschlag für diese Gemeinschaft ist logisch und einfach:

Jeder in dieser Gemeinschaft hat „persönlich" positive und negative Erfahrungen gesammelt, je nach Alter, Beruf, Freizeit usw. hat einer mehr oder weniger davon. Dadurch können aber in einer großen Gemeinschaft viel leichter Probleme reduziert werden, wenn diese Erfahrungen durch richtige Kommunikation genutzt werden für gemeinsame Verbesserungen durch Lernen-Umdenken-Mitdenken.

Wenn jetzt diese Gemeinschaft im Land ein Problem reduzieren möchte, dann wird durch diese Zeitschrift, das Problem angesprochen. Aber **nur** die Personen die Lösungsvorschläge dafür haben, reichen diese ein. Danach können alle mitentscheiden, welcher Vorschlag der Beste ist, der Vorschlag der vorn liegt wird umgesetzt. Nur so können ohne sinnlose Diskussionen Probleme gemeinsam schneller reduziert werden. Aber das ist Zukunft, es müssen erst einmal geeignete Fachexperten diesen Ratgeber lesen und dann gemeinsam an diesem Projekt arbeiten, damit eines Tages es vielleicht eine Dienstleistung mit dem Namen zum Beispiel: Löwen-Punkte GmbH-Deutschland gibt.

Ich werde den Markt beobachten ob ein Wunder passiert!

Das Ziel: Ein Projekt erstellen, damit in Zukunft eine Dienstleistung gegründet werden könnte, die genauso OHNE Probleme funktioniert wie Payback, wo ich in den letzten 15 Jahren Payback-Punkte gesammelt habe. Ich konnte keine Probleme feststellen. Das einzige Problem, es bringt kaum einen sozialen und wirtschaftlichen Nutzen und ist nur für Kunden geeignet die auch in Zukunft nur ganz allein Punkte sammeln wollen. Die Geschäftsführer wollten Ihren Kunden keine „spannende und soziale Alternative" zum Punkte sammeln anbieten.

Ich habe es versucht, leider ohne Erfolg! Wenn es ein Vorschlag von einem Kunden gibt, wo es jeden Tag mehrere Punkte-Millionäre geben könnte und keiner will sich mit diesem Kunden darüber unterhalten? Dann ist das für mich als Kunden natürlich ärgerlich, weil jetzt dafür eine neue Dienstleistung gegründet werden müsste! Die haben vielleicht einen Fehler gemacht?

Deshalb benötigen wir ein neues Projekt zum LP sammeln!

Für folgendes Projekt werden Fachexperten benötigt, die eine Webseite mit einer MLM-Software programmieren könnten, für die automatische Verteilung von LP-Einzelaktionen! Alle anderen Fachexperten genauso wie bei Payback.

ALLE die an diesem PROJEKT arbeiten, müssen sich „symbolisch" einmal auf den Stuhl eines LP-Kunden und eines LP-Anbieters setzen. NUR so kann ein Projekt „richtig und seriös" umgesetzt und später als Dienstleistung angeboten werden.

Das bedeutet, es sollte niemand an diesem Projekt mitarbeiten, der später nicht selber LP sammeln würde! Die Begründung dafür ist ganz einfach. Ein Projekt kann nur funktionieren, wenn alle mit „Herz und Seele" daran arbeiten.

Unter **„ALLE"** bilden eine große Gemeinschaft sind gemeint „Egal ob Fachexperten, wie Rechtsanwälte, Programmierer, Datenschützer, Marketing, Kundenservice, Unternehmer, Mitarbeiter, Kunden, etc." , also alle die in einem Land Produkte herstellen und kaufen (zum Beispiel: Auto, Möbel, Fernseher, Lebensmittel, usw.) und Dienstleistungen anbieten und nutzen (Kino, Sport und Freizeitmöglichkeiten, Urlaub, Geldanlagen, usw.) und durch LP sammeln mithelfen wollen, das alles „richtig und seriös" umgesetzt und angeboten wird.

So stelle ich mir die Dienstleistung zum Beispiel „Löwen-Punkte GmbH-Deutschland" dafür vor!

Wichtig! Das sind alles nur Vorschläge für Fachexperten gedacht, wie ich mir das persönlich vorstelle, und die überlegen ob und wie diese am besten umgesetzt und angeboten werden könnten, nicht nach dem Motto es geht nicht, sondern „schauen" wir mal ob und wie wir das schaffen!

P.S. Genauso wie mir Arvato gezeigt hat, dass es für Fachexperten kein Problem ist aus jedem Prospekt „symbolisch" ein Lottoschein mit vielen Einzelaktionen zu machen, nach dem ich Ihnen das auf einem Video erklärt habe. Wenn wir die Zukunft verbessern wollen müssen wir gemeinsam Lernen-Umdenken-Mitdenken! In einer großen Gemeinschaft, gibt es immer Personen, die gute Vorschläge für Probleme haben. Die besten werden vorgestellt und danach wird abgestimmt, welche umgesetzt werden. Nur so können viele Probleme in Zukunft reduziert werden. Dieser Ratgeber ist mein Beitrag als Rentner dazu meine persönlichen Erfahrungen und Vorschläge an Fachexperten, Unternehmer, Mitarbeiter und Kunden weiter zu geben, für eine bessere Zukunft.

Vorschläge für die Gestaltung der Webseite mit Software!

Alle Fragen und Antworten werden auf der Webseite mit Videos, Animationen und schriftlich erklärt und zum Nachlesen angeboten, für alle die LP-Kunden oder LP-Anbieter werden wollen, oder bereits sind. Jeder kennt die vielen Beispiele durch TV-Sendungen, wo Fachexperten durch Animationen, Videos und sehr guten Moderatoren vieles ganz einfach erklären, damit dass jeder versteht. Dadurch können viele Fragen simpel und einfach vermieden werden. In vielen Ländern gibt es solche Fachexperten.

Beispiele für LP-Kunden: Einführungsvideo erstellen, wo alle Fragen die kommen könnten Schritt für Schritt beantwortet werden. Zum Beispiel das jeder erst dieses Einführungsvideo anschauen muss, dann die AGB lesen und wenn er alles begriffen hat, darf er einen Antrag stellen, wird dieser genehmigt bezahlt er eine Jahresgebühr. Wurde diese Bezahlt, dann könnte er LP sammeln. Danach bestimmt er selber ob er nach 12 Monaten, wieder durch eine Jahresgebühr verlängert und vielleicht Stammkunde wird und wie lange. Ganz einfach – ODER?

Diese Fragen sollten in einem Einführungsvideo beantwortet werden. Vielleicht fallen Euch selber noch welche ein, das sind einige Vorschläge die alle in diesem Ratgeber erklärt werden:

- Wie kann man LP-Kunde werden, welche Voraussetzungen sind erforderlich?
- Wie kann ein LP-Kunde durch Einzelaktionen LP sammeln?
- Wie und wann werden LP- Einzelaktionen aktiviert?
- Wie funktioniert die Verteilung von LP und woher kommt das Geld für LP?
- Wann werden LP gutgeschrieben?
- Wie erkennt man, welche LP stehen zur Verfügung und welche sind noch offen?
- Welche Auszahlungsmöglichkeiten für die LP gibt es?
- Wie LP-Kunden selber die automatische Füllung der Durchgänge auf der Webseite verfolgen können?
- Was kostet die Jahresgebühr?

Das gleiche macht man auch für alle LP-Anbieter, wo alle Fragen erklärt werden.

Wichtiger Hinweis: Ich habe keine Ahnung, wie das bei Payback mit der Abwicklung funktioniert, für die Registrierung von Punkten. Aber bei Payback funktioniert alles ohne Probleme. Das bedeutet, es gibt Fachexperten, die wissen welche Voraussetzungen für LP – Anbieter dafür erforderlich sind und was dafür benötigt wird um LP-Anbieter zu werden.

Beispiele für LP-Anbieter:

- Welche Voraussetzungen sind erforderlich um LP-Anbieter zu werden?
- Welche Alternativen gibt es für die Aktivierung von LP?
- Wer legt die Einzelaktionen fest um LP zu vergeben und wie funktioniert das?
- Welche Kosten entstehen für den LP-Anbieter?
- Wie hoch ist die Jahresgebühr?

Vorschläge für die LP-Karte! Verschiedene Alternativen anbieten!

P.S. Ein persönliches Beispiel warum immer verschiedene Alternativen angeboten werden sollten. Ich habe 15 Jahre Payback-Punkte nur gesammelt, weil ich die Punkte mir auf das Konto auszahlen lassen wollte und das Punktesammeln, war mit einer ganz normalen Punktekarte für die Registrierung möglich, sonst hätte ich nie Punkte gesammelt. Dagegen wurde 2008 DeutschlandCard gegründet ohne Alternativen für das Punkte sammeln und deshalb gab es für mich keine Motivation, das Punkte sammeln bei dem Anbieter zu testen, obwohl ich bei Netto damals in Landshut Stammkunde war. Eine Dienstleistung muss einen Service mit verschiedenen Alternativen, die es bis heute gibt nutzen und anbieten, damit alle zufrieden sind. Aber das haben bis heute viele nicht verstanden, was man unter einer Dienstleistung versteht! Darüber sollte jeder der eine Dienstleistung anbietet mal Nachdenken.

1. Alternative: Eine LP-Karte NUR zum Punkte sammeln!

Begründung: Es soll für „ALLE" eine einfache Alternative geben NUR zum LP sammeln, durch die Registrierung an den Kassen, so wie es auch Payback den Kunden anbietet. Dadurch kann jeder, die zur Auszahlung verfügbaren LP auf sein Konto auszahlen lassen. Es gibt viele, die wollen dafür keine Kreditkarte verwenden. Weil „JEDER" hat die Möglichkeit mit anderen Kreditkarten zu bezahlen. Deshalb sollen auch auf der Webseite mit der Software „ALLE" verfügbaren Auszahlungsmöglichkeiten für die LP zur Verfügung stehen. Egal ob auf ein Konto, Kreditkarte, etc., die es bis heute gibt und dafür geeignet sind!

2. Alternative: Eine LP-Karte zum LP sammeln und zum Bezahlen?

Ob so etwas möglich ist, keine Ahnung, wäre aber nicht schlecht. Der LP-Kunde benötigt dafür weder eine PIN-Eingabe und auch KEINE Unterschrift. Angeblich kann man heute „ALLES“ programmieren. Deshalb stelle ich es mir so vor. Die LP-Karte hat auf jeder Seite eine andere Farbe. Zum Beispiel: 1. Seite grün zum LP sammeln und die 2. Seite rot zum Bezahlen. Dabei funktioniert die 2. Seite wie eine „Geldbörse“ zum Geld aufladen. Es gibt Firmen, die haben für Mitarbeiter eine Karte oder einen Chip für die vielen Automaten, der Mitarbeiter kann diese Karte oder Chip je nach Bedarf wieder auffüllen. Niemand muss dafür eine PIN eingeben oder etwas unterschreiben. P.S. Ich fand das Super, denn man brauchte keine Geldbörse mit dem vielen Kleingeld in der Hosentasche haben, das war eine gute Idee!

Der Vorteil besteht darin: Wenn jemand die LP-Karte verliert oder wird geklaut, dann kann der LP-Kunde eine neue kostenlos beantragen. Das wäre genauso als hätte man die Geldbörse verloren und der Finder könnte nur den Betrag benutzen der auf der Karte noch zur Verfügung steht, mehr nicht. ODER es gäbe einen „DUMMEN“ Finder der mit dieser Karte für den Verlierer LP sammeln würde? Ich bin mir sicher, dass viele LP-Kunden mit so einer LP-Karte in Zukunft bezahlen würden. Da es heutzutage findige Programmierer gibt, sollten die mal überlegen, ob es eine Alternative dafür nicht nur in Firmen, sondern auch zum normalen einkaufen geben könnte. Für mich ist es logisch, dass auch in Deutschland irgendwann einmal das Bargeld abgeschafft wird. Es gibt bereits Länder, wo das schon der Fall ist. **Man darf nur nicht sagen es geht nicht, sondern mal sehen, ob wir da etwas machen könnten. So arbeiten Fachexperten für eine bessere Zukunft.**

3. LP sammeln mit Kreditkarten, verschiedene Alternativen anbieten!

4. Alternative: LP sammeln mit einem „Smartphone“!

Das dürfte in der heutigen Zeit, wenn ich die Medien verfolge kein Problem sein. Jeder Programmierer kennt sich natürlich mit einem Smartphone aus. Deshalb hier meine Vorschläge an alle Programmierer, die für diese Geschäftsidee arbeiten würden. Ich werde versuchen Euch zu erklären, wie ich mir Persönlich das vorstelle und Ihr müsstet dann nur noch die Lösungen dafür Programmieren, ganz einfach-ODER? Also dann setzt Euch jetzt „symbolisch“ auf meinen Stuhl und ich sage Euch wie ich es mir als LP-Kunde vorstellen würde.

Angenommen es gebe in Deutschland viele LP-Anbieter!

1. Beispiel: Als LP-Kunde sind mir die LP-Anbieter in der Nähe bekannt. Ich möchte einkaufen gehen, weil ich Produkte benötige. Jetzt schaue ich bei den LP-Anbietern auf dem Smartphone unter LP-Aktionen nach, ob ich etwas davon benötigen könnte. Wenn ja, dann kann ich das gleich aktivieren und so stelle ich mir für den Einkauf eine Liste zusammen. Danach fahre ich einkaufen und kann die Produkte die ich ausgesucht und gekauft habe an der Kasse, entweder mit Smartphone oder LP-Karte registrieren lassen für die automatische Verteilung von LP auf der

Webseite. Wenn ich nach Hause gekommen bin, kann ich sofort auf der Webseite sehen, wie viel Mal und in welcher Klasse/Ebene ich auf einen freien Platz automatisch gesetzt wurde, je nachdem wie viel Einzelaktionen ich bei einem LP-Anbieter gefunden und an der Kasse bezahlt habe.

2. Beispiel: Ich fahre nach Dresden in ein riesiges Einkaufszentrum! Jetzt stehe ich vor einem Geschäft, wo der Hinweis steht „Hier gibt's Löwen-Punkte". Jetzt schaue ich auf dem Smartphone nach, ob es LP-Angebote gibt, die ich benötige. Das wäre doch ganz einfach – ODER? Genauso könnte ich es bei den anderen Geschäften machen, wo ein Hinweis zum LP Sammeln steht!

3. Beispiel: Als LP Kunde könnte ich auch am PC alle Prospekte mit LP-Einzelaktionen DIGITAL mir anschauen und die Produkte, die ich benötige gleich aktivieren und mir eine Liste zum Einkaufen vorbereiten.

Das wäre eine Belohnung, wenn ich zusätzlich einen Beitrag für den Klimaschutz, leisten möchte, weil ich keine Papierprospekte mehr benötige.

Wichtiger Hinweis: Wenn man Produkte mit LP aktiviert, dann werden die logischerweise noch nicht verteilt, sondern erst wenn diese an der Kasse bezahlt wurden, dann werden diese sofort automatisch auf der Webseite verteilt.

P.S. Dass das kein Problem ist konnte ich heute wieder bei Payback sehen. Ich hatte heute auf der Webseite von Payback die Sonderaktionen bei Rewe aktiviert. Danach war ich bei Rewe einkaufen und als ich zu Hause war, hatte ich schon von Payback eine E-Mail erhalten das ich Punkte erhalten habe. Es ist also kein Problem! Schade, dass kein Mitarbeiter aus der Geschäftsleitung von Payback bereit war sich mit mir darüber zu unterhalten, wie es jeden Tag bei Payback hätte in Zukunft viele Punkte-Millionäre geben können. Es wäre mein „Wunschpartner" für diese Geschäftsidee gewesen. Vielleicht werden die sich eines Tages ärgern, dass niemand für mich Zeit für ein persönliches Gespräch gehabt hat.

Vorschläge an MLM-Software-Programmierer, wie ich mir als LP-Kunde die Webseite für die automatische Verteilung von LP „spannend und sozial" vorstelle. Da ich mit MLM ein wenig Erfahrungen gesammelt habe, weiß ich das folgendes für Euch kein Problem ist.

Dabei setzt ihr Euch selber einmal „symbolisch" auf meinen Stuhl und versucht alles so zu programmieren, dass ich als LP-Kunde sagen könnte, genauso habe ich mir das vorgestellt! Super gemacht!

Mein „persönlicher Wunsch“ wäre, das ich es noch erleben könnte, 12 Monate lang eine “spannende und soziale Löwen-Punkte-Karte“ unter dem Motto: „Kunden helfen Kunden beim Punkte sammeln“ zu benutzen, um folgendes durch eine Webseite mit einer MLM-Software festzustellen: Dazu noch einmal das Herzstück für die automatische Verteilung von LP:

Das wäre das Herzstück zum LP sammeln und für die Verteilung!

Jeder Durchgang besteht aus 4 Ebenen x 100 Matrix		
1.Klasse/Ebene	**Anzahl pro Aktion**	**1 LP-Kunde pro Aktion**
2.Klasse/Ebene	**Anzahl pro Aktion**	**100 LP-Kunden pro Aktion**
3.Klasse/Ebene	**Anzahl pro Aktion**	**10.000 LP-Kunden pro Aktion**
4.Klasse/Ebene	**Anzahl pro Aktion**	**1.000.000 LP-Kunden pro Aktion**

Jeder Durchgang besteht aus 1.010.101 LP-Einzelaktionen die leer sind und automatisch durch LP-Kunden gefüllt werden, wenn die Produkte an der Kasse bezahlt und registriert wurden. Die Möglichkeiten für die Registrierung sind genauso, wie es bereits bei Payback zum Punkte sammeln gemacht wird, damit wurde bei mir noch nie ein Problem festgestellt. Damit es für mich als LP-Kunden „spannend und interessant“ ist, sollten folgende Informationen für mich zur Verfügung stehen:

Welcher Durchgang gerade automatisch gefüllt wird! Zum Beispiel:

Durchgang Nummer xxxxxx und ein Zählwerk von 1 bis 1.010.101 LP-Einzelaktionen. Wird dieser gerade gefüllt, dann der Vermerk „Läuft“!

Ist ein Durchgang voll, dann steht der Vermerk. Durchgang „in Bearbeitung“!

Erst wenn alle LP = Cent für diesen Durchgang vom LP-Anbieter an die Dienstleistung bezahlt und für den LP-Kunden zur Auszahlung frei gegeben wurden steht der Vermerk, Durchgang „Abgeschlossen“!

P.S. Einige Vorschläge für die Programmierung habe ich von einem Internet-Casino, wie zum Beispiel, wo man sehen kann, wie die Jackpots von Automatenspielen durch ein Zählwerk automatisch gefüllt werden. Genauso gibt es zum Beispiel Roulette-Turniere für 1 Euro die 24 Stunden laufen, und die 10 Besten, Geld gewinnen können. Dabei kann jeder Casino-Kunde das Turnier verfolgen, egal ob er es nur beobachtet oder selber mitspielt. Auch da steht nach 24 Stunden, wenn das Turnier beendet ist „in Bearbeitung“ und wenn die Gewinne bezahlt wurden „abgeschlossen“ und wenn das Turnier läuft, wie hoch der Gewinn für die 10 besten ist. Dadurch sieht man als Kunde, was Fachexperten heute alles programmieren können. Deshalb könnte das ein interessanter Hinweis für die Programmierer der Webseite und Software sein. Auch folgendes ist interessant:

Bei diesem Online-Casino gibt es eine normale Webseite, die sich jeder anschauen kann und wo man sich als Kunde registrieren und einloggen kann und dann bieten die zusätzlich die Möglichkeit für eine Lobby-Webseite, durch eine Software die man sich runterladen kann. Auf dieser Lobby-Webseite erhält man alle persönlichen Informationen und Statistiken. Das bedeutet, da wird ein SUPER-Kundenservice geboten! Da kann man als Laie einmal sehen, was alles Programmiert werden kann.

Deshalb wünsche ich mir für meine Geschäftsidee „Kunden helfen Kunden beim Punkte sammeln“, dass die Programmierer sich immer „selber symbolisch“ auf den Stuhl des Kunden setzen. Für Programmierer die sich das nicht vorstellen können, erhalten jetzt von mir persönlich den Hinweis, auf welcher Webseite Sie für den Kunden-Service die Anregungen bekommen könnten, wenn Sie es wollen (P.S.www.casinoclub.com). Die Vorschläge in diesem Ratgeber sind alle durch persönliche gute und schlechte Erfahrungen entstanden, deshalb sollte man bei einer Idee auch zusätzlich Marktforschung betreiben, nur so kann man feststellen, welche Möglichkeiten man eventuell am besten nutzen oder verbessern könnte.

Ich muss auch sehen können, in welchem Durchgang und in welcher Klasse/Ebene ich pro LP-Einzelaktion automatisch gesetzt wurde.

- Wie viel LP ich in dem Durchgang, wo ich automatisch gesetzt wurde erhalten habe.
- Wie viel LP hat der LP-Millionär in der 1. Klasse erreicht.
- Wie viel LP-Kunden haben in der 2. Klasse über 10.000 LP erhalten.
- Wie viel LP-Kunden haben in der 3. Klasse über 10.000 LP erhalten.

Das ist Interessant und spannend pro Durchgang, weil in jedem Durchgang eine andere LP Verteilung logischerweise erfolgt.

Interessant sind für mich als LP-Kunde auch die monatliche und die Jahresstatistik!

- In welche Ebenen wird man automatisch in 12 Monaten gesetzt?
- Wie viel Löwen-Punkte könnten bei jeder Benutzung erreicht werden?
- Wie viel Löwen-Punkte könnte man damit in 12 Monaten erreichen?
- Wie viel Löwen-Punkte-Millionäre gibt es pro Tag und in 12 Monaten?
- Wie viel Durchgänge werden pro Tag und in 12 Monaten erreicht?
- Welche Höchst-Punkte könnten pro Ebene und Durchgang pro Tag und in12 Monaten erreicht werden?
- Wie vielen LP-Karten-Benutzer konnte in 12 Monaten geholfen werden?

Ich hoffe ich konnte dafür einige Vorschläge machen, die vielleicht für die Umsetzung des Projektes helfen könnten.

„Dieter der coole Rentner“

Veröffentlicht seine Geschäftsidee für eine bessere Zukunft

„<u>KUNDEN helfen KUNDEN beim PUNKTE sammeln</u>“

durch

Löwen-Punkte (LP)

Voraussetzung für alle:

Unternehmer, Mitarbeiter und Kunden

sind bereit zum

Lernen-Umdenken-Mitdenken

den

ALLEIN ist JEDER ein NIEMAND

Thema:

MLM und Schneeballsystem?

<u>Die Wirtschaft ist das Herz eines Staates!</u>

Thema: MLM und Schneeballsystem!

„Dieter der coole Rentner" berichtet jetzt aus eigenen „persönlichen" theoretischen und praktischen Ausbildungen, Erfahrungen, Büchern, TV und Medien zu diesem wichtigen Thema: Ist MLM ein Schneeballsystem?

Die Begründung dafür ist ganz einfach. Für meine Geschäftsidee wird eine MLM-Software benötigt für die automatische Verteilung von LP!

Ich kenne einige Ursachen warum manche nur, wenn Sie den Namen MLM lesen oder hören, sofort sagen es ist ein Schneeballsystem! Deshalb Lernen wir jetzt gemeinsam, warum und wie dieses Problem entstanden ist. Oder wollen Sie in Zukunft ein „Idiot" sein, nur weil Sie keine Ahnung davon haben, denn so bezeichne ich Personen die Gerüchte darüber verbreiten. Deshalb betrachten Sie das jetzt als kleinen Privatlehrgang von mir, da ich meine persönlichen Erfahrungen, die ich gesammelt habe hiermit an Sie weiter gebe. Sind Sie bereit?

Alle die MLM als Schneeballsystem bezeichnen sagen folgendes: Man muss Personen/Mitarbeiter suchen und diese müssen wieder Personen suchen und diese müssen wieder Personen suchen, usw. usw., und die Letzten beißen die Hunde! Deshalb ist jeder der diesen Ratgeber gelesen hat und dann immer noch sagt MLM ist ein Schneeballsystem, kein Idiot mehr, sondern ein „VOLLIDIOT"! Entschuldigen Sie diesen Ausdruck, aber es gibt Personen die keine Ahnung haben und bewusst oder unbewusst Geschäftsschädigung betreiben oder noch schlimmer, wenn diese BWL studiert haben und dadurch Unternehmen schlecht oder nicht richtig beraten können!

Wenn Sie bis jetzt diesen Ratgeber gelesen und bereit waren zum Lernen-Umdenken-Mitdenken, dann müssten Sie folgendes verstanden haben:

- Ich benutze den Namen „MLM"!
- Kein Kunde darf und muss bei meiner Geschäftsidee, „Kunden helfen Kunden beim Punkte sammeln" andere Kunden suchen, um dafür LP zu bekommen!
- Jeden Tag könnte es viele Durchgänge (Herzstück für die Verteilung von LP) geben mit NUR 1.010.101 LP-Einzelaktionen pro Durchgang, danach beginnt ein neuer Durchgang von vorn, wo alle Kunden genauso die gleichen Chancen haben, wie beim Lotto spielen!
- Das bedeutet, so kann die Erfindung MLM in der Marktwirtschaft „richtig und seriös" eingesetzt bzw. genutzt werden, wenn man eine Ausbildung im Vertriebsmarketing hatte und theoretische und praktische Erfahrungen damit gesammelt hat!

Lernen-Umdenken-Mitdenken?

Da die Geschäftsidee „Kunden helfen Kunden beim Punkte sammeln", **OHNE** eine MLM-Software nicht möglich ist, muss ich natürlich erklären was man darunter versteht. Warum es „Idioten" gibt die keine Ahnung davon haben und deshalb schon, wenn die nur den Namen MLM lesen, sofort als Schneeballsystem bezeichnen. Warum bezeichne ich diese als „Idioten"? Das sind persönliche Gründe, weil ich dadurch von 1995 bis 2018 meine Familie verlassen musste, um im Westen zu arbeiten! Der Grund dafür ist ganz einfach: Ich selbst habe erleben dürfen, wie eine Firma für die ich damals 1992 – 1994 gearbeitet habe durch Geschäftsschädigung in die Pleite und ich damals in die Schulden getrieben wurde.

Wie solche Idioten 1995 meine Zukunft als MLM-Berater vernichtet haben!

Es war 1995 als folgendes passierte, ich hatte damals auch eine „seriöse" MLM-Geschäftsidee (P.S. Hat mit diesem Ratgeber nichts zu tun) erarbeitet. Da ich als „OSSI" damals keine Chance hatte diese selber umzusetzen, stellte ich diese einem Unternehmer im „Westen" vor, der bereits 20 Jahre auf dem Markt war, aber keine Ahnung von MLM hatte. Dieser war von der Idee begeistert, deshalb stellte ich im meine Geschäftsidee zur Verfügung. Die Bedingung war, ich mache nur die MLM-Beratung! Ich bekam einen Arbeitsvertrag als MLM-Berater. Bevor es aber losging, bekam ich ein Schreiben, das ich zur Firma kommen soll um die Kündigung zu unterschreiben!

Was war passiert? Ganz einfach, angebliche Fachexperten (Idioten) haben dem Unternehmer eingeredet, MLM ist ein Schneeballsystem und noch viel mehr so ein „Scheiß". Also bin ich zur Firma gefahren, um die Kündigung zu unterschreiben, logisch das der erst einmal gemeckert und sinnlos diskutiert hat und nebenbei aber sagte „ich habe alles so wie Sie es gesagt haben, einem Rechtsanwalt übergeben, mal sehen was dabei rauskommt". Ich hatte im damals gesagt auf Grund meiner persönlichen Erfahrungen: „Wenn alles so gemacht wird, wie ich es gesagt habe, dann ist das „richtig und seriös"! Jetzt setzen Sie sich einmal „symbolisch" auf meinen Stuhl:

Wir haben das Jahr 1995! Sie sind bei der Firma und unterschreiben die KÜNDIGUNG! Sie haben unterschrieben und in dem Moment kommt bei dem Unternehmer ein Fax an, mit der Bestätigung, wenn meine Geschäftsidee von dem Unternehmer so umgesetzt und angeboten wird, wie ich es gesagt habe, dann diese „richtig und seriös" ist und kein „Schneeballsystem"!

Ich werde NIE vergessen, was danach passierte. Er sagte zu mir „20 Jahre habe ich geschuftet, aber jetzt kann ich endlich das große Geld verdienen, aber so wie Sie es machen wollen, geht das ja viel zu langsam"!

Ich habe es geahnt, erst von MLM keine Ahnung haben und danach glauben das schnelle große Geld machen zu können! Da dieser Unternehmer meine Geschäftsidee, danach total geändert hatte und für mich nicht mehr „seriös“ war, habe ich logischerweise auf eine Zusammenarbeit verzichtet. Das war der Grund, warum ich seit 1995 nichts mehr mit MLM zu tun haben wollte!

Ich musste, wegen solchen Idioten nach Bayern auswandern. Bis zur Rente habe ich in Landshut gewohnt und für Firmen die Zeitarbeit vermitteln in mehreren Unternehmen gearbeitet. Von 1999 bis 2010 sogar 11 Jahre bei nur einem Unternehmen, bis ich endlich FEST eingestellt wurde bis zu meiner Rente. Damit wollte ich Ihnen mal an einem Beispiel zeigen, was Menschen die keine Ahnung von MLM haben für Schaden anrichten können.

Seit der Erfindung von MLM hat es keine Generation gegeben bzw. geschafft diese „richtig und seriös“ zur Sicherung von Arbeitsplätzen und zur Reduzierung von sozialen und wirtschaftlichen Problemen zu nutzen. Ob es in Zukunft eine Generation gibt, die dafür geeignet ist? In Deutschland könnte es natürlich noch viele Jahre dafür dauern. Vielleicht könnte dieser Ratgeber ein Wegweiser für die Zukunft sein. Da es bereits 1995 Rechtsanwälte für die Wirtschaft gab, die zwischen „seriös und unseriös“ einschätzen konnten, wird es solche auch in Zukunft geben, die dafür die erforderliche AGB machen, wenn jemand MLM benutzen würde.

Es müssen für eine bessere Zukunft nur die richtigen „seriösen Fachexperten“ davon erfahren und sich damit beschäftigen!

Wichtig für alle die diesen Ratgeber gelesen haben:

Verbreiten Sie **NIEMALS** in Zukunft, falsche Gerüchte, sinnlose Kommentare, über Ideen, Produkte, Dienstleistungen von denen Sie selber keine Ahnung haben. Sie können dadurch anderen Menschen Schaden zufügen, denn dann gehören Sie selber zu den **„unseriösen“** Menschen im Land die bei mir zur Gruppe B gehören.

Dazu Beispiele:

- **Sie haben selber ein Produkt gekauft oder nutzen eine Dienstleistung! Dann haben Sie das Recht auch Ihre „persönliche“ Meinung dazu zu sagen, dabei ist es egal ob diese gut oder schlecht ist, das ist aber „seriös“!**
- **Sie verbreiten negative Gerüchte und Kommentare über Ideen, Produkte oder Dienstleistungen, die Sie selber gar nicht kennen oder ausprobiert haben, sondern nur durch TV, Freunde, Bekannte, etc. gehört haben weiter, dann können Sie Schaden anrichten und gehören selber damit zu den „unseriösen Menschen“ im Land! P.S. Davon gibt es leider genügend!**

Es ist doch ganz einfach – ODER?

Dazu noch folgendes Beispiel, jeder kennt die Erfindung „Smartphone"!

Ein Smartphone ist eine „SUPER" Erfindung! Aber was machen Millionen Menschen mit dieser tollen Erfindung? Wenn Sie heute die Medien (TV, Zeitschriften, Internet, etc.) verfolgen?

- Es gibt Millionen „böse" Menschen die richten mit einem Smartphone Schaden an, egal ob gewollt oder ungewollt! Sie benutzen die Netzwerke für Mobbing, falsche Bewertungen über Produkte die Sie selber gar nicht kennen, in den Medien gibt es ständig Beispiele dafür.
- Es gibt Millionen „gute" Menschen die mit einem Smartphone keinen Schaden anrichten und sogar damit durch neue Ideen Millionen anderen Smartphone-Benutzern helfen!

Das bedeutet, die Erfinder eines Smartphones können nichts dafür, dass es böse Menschen im Land gibt, die damit Schaden anrichten!

Genau wie es mit MLM passiert ist, können in der PRAXIS immer IDEEN **„seriös oder unseriös"** genutzt werden, denn es wird immer **gute** und **schlechte MENSCHEN** geben! Dazu noch folgende 3 Beispiele wie IDEEN in der Praxis genutzt werden:

- **<u>INTERNET</u>** eine gute IDEE aber es wird immer MENSCHEN geben die diese IDEE seriös oder unseriös nutzen! Im TV wird ebenfalls ständig darüber berichtet!
- **<u>AUTO</u>** eine gute IDEE, viele Autonamen wurden auf der Welt erfunden und verschiedene Modelle entwickelt und jedes Jahr werden diese verändert oder verbessert, und KEINER kommt heute auf die IDEE und fragt: Warum wurden nicht schon vor 30 Jahren solche Autos gebaut! Politiker nutzen die Erfindung "Auto" aus für Millionen Steuereinnahmen. Zum Beispiel für Rentenkassen (Ökosteuer) oder um Kassen der Kommunen (Blitzer) zu füllen! Autofahrer werden durch Politiker und Behörden ständig abgezockt.
- **<u>PARTEIEN</u>** eine IDEE die bis heute durch Machtmissbrauch unseriös von vielen Politikern und Behörden in fasst allen Länder auf dieser WELT genutzt wird! Ich kenne kein Land wo Politiker und Behörden an der MACHT waren oder sind, durch diese IDEE bis heute **<u>KEINE</u>** finanzielle, soziale und wirtschaftliche PROBLEME verursacht haben! Wie kann diese IDEE seriös sein, wenn einige Politiker und Behörden die von Steuergeldern verdienen, jedes Jahr Milliarden Steuergelder sinnlos verschwenden dürfen **<u>OHNE</u>** dafür bestraft zu werden! Allein in Deutschland gibt es durch den „Bund der Steuerzahler" bereits seit über 30 Jahre ein Schwarzbuch „Die öffentliche Verschwendung" und mit einer Schätzung, das jedes Jahr ca. 30 Milliarden Euro sinnlos verschwendet werden! Dann besitzen diese noch die Frechheit und erfinden jedes Jahr neue STEUERN und ABGABEN! Unvorstellbar das Politiker und Behörden aus MACHT- oder GELDGIER falsche Versprechungen machen, Lügen und Betrügen dürfen und durch sinnlose Gesetze und Gummiparagraphen die Wirtschaft vernichten!

Genauso ist es mit der Erfindung von MLM!

- Mit dem Namen MLM haben Menschen, die das schnelle große Geld machen wollten, Millionen Menschen die keine Ahnung davon hatten, Schaden zu gefügt.
- Der Name MLM wurde benutzt, um falsche Gerüchte zu verbreiten und um Geschäftsschädigung zu betreiben gegen andere Unternehmen.
- Millionen Menschen haben keine Ahnung was MLM bedeutet, aber verbreiten Gerüchte, weil Sie mal was gehört oder gelesen haben von Schneeballsystem.

Folgende Beispiele sind von 1995!

Von Anfang an bis heute wurde die **Idee für MLM** von Amerika bis Deutschland missbraucht, falsch angeboten und falsche Gerüchte verbreitet durch Macht- und Geldgier oder aus Konkurrenzgründen, durch falsche Versprechungen, Lügen und Betrug, egal ob durch Unternehmer, Mitarbeiter, Kunden, Politiker, Behörden, Medien, etc.! Dazu einige Beispiele;

- **MLM** wird als „Pyramidensystem und Schneeballsystem" bezeichnet!
- **MLM** wird auch als „Network Marketing, Strukturvertrieb" bezeichnet!
- **MLM** bedeutet, Freunde, Bekannte und Arbeitskollegen werden erst angelockt und dann abgezockt!
- **MLM** bedeutet, es verdienen immer nur die **„OBERSTEN"** und die letzten beißen die Hunde!
- **MLM** bedeutet, Vertriebspartner **„VERKAUFEN"** das **PRODUKT** und **„REKRUTIEREN"** neue Berater!
- **MLM** bedeutet, viele Kunden zumeist **„einfache, minderbemittelte Menschen"** erkennen die systembedingten Risiken nicht und glauben auf leichte Art beträchtlichen Gewinn machen zu können!
- **MLM** bedeutet, **„OHNE"** Arbeit schnell **„REICH oder MILLIONÄR"** werden zu können!
- **MLM** bedeutet, Menschen werden unter **DRUCK** gesetzt, **KUNDEN** zu werben oder **PRODUKTE** zu kaufen!
- **MLM** wird in unseren **„Gummiparagraphen"** als **„Progressive Kundenwerbung"** bezeichnet, weil dafür ein **„MULTIPLIKATOR"** eingesetzt wird!
- **MLM** bedeutet, rein mathematisch müsste in kurzer Zeit die ganze **WELTBEVÖLKERUNG** einsteigen, wenn man von der Praxis keine Ahnung hat und nicht mit dem Verstand sondern nur mit dem Taschenrechner rechnen kann. So etwas haben Proffesoren in der Öffentlichkeit verbreitet!
- **MLM** bedeutet, in wenigen Monaten ist der **MARKT** erschlossen! P.S. Ich kenne kein Unternehmen, das mit MLM den Markt erschlossen hat!

P.S. Das passiert, wenn es im Land ein schlechtes Bildungssystem gibt. Vieles könnte durch "seriöse" Informationen verhindert werden. Im TV gibt es genügend Beispiele, wo durch gute Moderatoren und Animationen vieles super erklärt wird.

Ich persönlich kann behaupten, MLM ist die einfachste und beste Erfindung, die vor über 50 Jahren für die Marktwirtschaft erfunden wurde. Die **„simple und einfache IDEE für MLM“** soll von einem Amerikaner für **KUNDEN** bereits in den **vierziger Jahren** durch den **Direktvertrieb** entstanden sein. Ich hatte sogar mal ein Buch gelesen, mit dem Namen „Die größte Gelegenheit in der Geschichte der Welt“! Dieses Buch war von einem Amerikaner geschrieben wurden. Es ist möglich das durch dieses Buch es danach Menschen gab die das falsch verstanden haben und mit dem Namen MLM Schaden angerichtet haben.

Folgendes sollte jeder über die Erfindung „MLM“ wissen!

Was bedeutet MLM? Übersetzt nennt man es „Multi-Level-Marketing (MLM)“!

MULTI – LEVEL – MARKETING (MLM)?

Multi = viele!
Level = Ebene, Stufen, Struktur!
Marketing = (von englisch to market: Handel treiben; bzw. von market: Markt), alle betrieblichen Maßnahmen, die sich am so genannten Marktgeschehen orientieren und darauf ausgerichtet sind, den Absatz zu fördern.

GELD wurde ja erfunden damit Produkte bewegt werden können.

Deshalb kam ein Amerikaner bereits damals auf folgende IDEE! Warum soll ein KUNDE der GELD für Produkte oder Dienstleistungen benötigt, durch erfolgreiche WEITEREMPFEHLUNGEN Geld verschenken?

Diese IDEE wurde auch als Revolution im VERTRIEB bezeichnet!

- Der KUNDE, kann nicht nur Lohn/Gehalt durch z.B. Herstellung von Produkten erhalten, sondern könnte zusätzlich Gewinne OHNE VERKAUF oder BERATUNG im VERTRIEB erzielen und damit logischerweise wieder neue Produkte kaufen oder Dienstleistungen nutzen.
- Der KUNDE wird am KREISLAUF des GELDES im VERTRIEB und an der WIRTSCHAFT beteiligt und dadurch findet eine Erhöhung der KAUFKRAFT statt – normalerweise ganz einfach – ODER?

Unglaublich, aber es wäre möglich gewesen für eine bessere Zukunft:

Wäre in einem LAND, die IDEE für MLM **seit der Erfindung in den vierziger Jahren bis heute** im VERTRIEB durch den **Einzelhandel, Versandhandel, Direktvertrieb** zur Förderung der WIRTSCHAFT "richtig und seriös" durch Fachexperten für „berufstätige KUNDEN“ angeboten und genutzt worden, dann wären heute in diesem LAND nur die Arbeitslos, die „richtige soziale Fälle sind“ oder MENSCHEN die zu „FAUL sind zum ARBEITEN“!

LOGISCH: Für viele die KEINE Ahnung von MLM haben unvorstellbar!

Die IDEE für MLM ergab sich ganz einfach durch den DIREKTVERTRIEB (Verkäufer im Außendienst). Die Mitarbeitergewinnung und Bezahlung erfolgt durch einen STRUKTURAUFBAU bzw. Vertriebsaufbau. Für den Direktvertrieb wurden viele neue Namen erfunden, wie zum Beispiel **Network Marketing, Strukturvertrieb, etc.!** Deshalb ist es auch kein Wunder das niemand darüber einen Durchblick hat. Aber das ist eben in der Marktwirtschaft so, denn es gibt auch verschiedene Autos, etc.! Das ist aber für alle ganz normal, weil die jeder auf der Straße sehen kann. Dagegen kann man neue Ideen im Vertrieb nicht sehen.

Ich benutze jetzt einige Informationen, die ich bereits 1995 zur Information erarbeitet hatte. Diese habe ich zufällig auf einer CD für Datensicherung gefunden von einem PC den ich damals hatte.

Wer die IDEE von MLM begreifen will, muss folgendes wissen:

1. Wie funktioniert der Verkauf und Strukturaufbau im DIREKTVERTRIEB?
2. Was ist der Unterschied zwischen MLM und DIREKTVERTRIEB?

Zu 1. Wie funktioniert der Verkauf und Strukturaufbau im DIREKTVERTRIEB?

LOGISCH, Jeder Hersteller von Produkten und Dienstleistungen muss GEWINNE erzielen und deshalb nutzen viele zusätzlich zur Kundengewinnung, nicht nur den Einzelhandel + Versandhandel, sondern auch die Weiterempfehlung durch den Direktvertrieb, Network Marketing, Strukturvertrieb!

Für den **DIREKTVERTRIEB** werden die **Außendienstmitarbeiter (VERKÄUFER)** nach folgender Methode bis heute ausgebildet:

Kundenberatung!
Verkauf oder Vertragsabschluß!
5 – 6 Empfehlungen geben lassen!

Nach dieser Methode verdienen seit vielen Jahren **„NUR“** die Vertreter und die Produktgeber und der KUNDE verschenkt GELD durch die **Weiterempfehlungen**!

Beispiel: Um Ihnen das einfach zu erklären, nehmen wir mal an, **SIE** wurden als Verkäufer im Außendienst ausgebildet. Als erstes wird danach eine Namensliste von Personen erstellt die SIE kennen.

- Jetzt besuchen Sie die 1. Person und haben es geschafft, erfolgreich etwas zu verkaufen. Jetzt lassen Sie sich z. B. 5 Empfehlungen geben. Dann besuchen Sie weitere 4 Personen auf ihrer Namensliste und bekommen ebenfalls z.B. 5 Empfehlungen = 25 Empfehlungen. Bei diesen 25 machen sie es genauso und wenn Sie gut sind, erhalten Sie wieder 5 Empfehlungen = 125 Empfehlungen usw.!

Dabei wäre es absolut falsch zu glauben, dass jede Empfehlung ein Verkauf oder Vertrag sein muss, sondern es kann sein das von je 5 Empfehlungen entweder 1, 2, 3 oder sogar überhaupt KEIN Verkauf oder Vertrag stattfindet.

- Bei diesem Beispiel, hätten Sie 5 + 25 + 125 = 155 Empfehlungen gehabt. Wenn Sie davon z.B. 30 Verkäufe oder Verträge getätigt und vielleicht aus diesen 155 Empfehlungen 3 neue VERKÄUFER geworben haben, dann wäre es je nach Produkt vielleicht ein guter VERDIENST!
- Wenn Ihre **3 Mitarbeiter** ausgebildet sind, machen die es genauso und Sie würden **zusätzlich „PASSIV"** daran verdienen. Deshalb bezeichnet man alles was Sie **„selber"** verkaufen würden als **„AKTIVEN" Verdienst!**

P.S. Da ich damals wissen wollte, wie der Direktvertrien funktioniert, habe ich selber an so einer Ausbildung teil genommen!

Verdienst im Direktvertrieb:

Im Direktvertrieb gibt es Vergütungs-, Einkommens-, Provisions-, oder auch Karrierepläne genannt. Jedes Unternehmen bestimmt selbst, wie viel passive Stufen, Ebenen es gibt (ca. 4 – 12 Stufen), welche Namen pro Stufe verwendet werden und ob je nach Produkten die Angaben in Euro, Prozente, Einheiten oder Punktwerten erfolgt. Bei manchen Unternehmen muss im Monat sogar ein bestimmter Mindestumsatz erreicht werden, um eine Stufe höher zu kommen!

P.S. Bei dem Unternehmen, wo ich damals die Ausbildung dafür gemacht habe wurden Provisionen 14 Ebenen in die Tiefe verteilt (auch als Karriereplan bezeichnet)! Durch diese Ausbildung, kenne ich die Frage & Antworttechniken der Verkäufer, die durch Fachexperten dafür entwickelt wurden. Mein Vorteil: Dadurch kann ich als Kunde einen "seriösen und unseriösen Verkäufer" erkennen!

Durch Empfehlungen bekommen Sie KUNDEN und versuchen davon MITARBEITER zu werben die eventuell dafür geeignet sind! Alle Mitarbeiter beginnen bei **„seriösen Firmen"** mit dem gleichen Vergütungsplan und Ausbildungen.

Viele haben es versucht und sind nicht erfolgreich geworden, denn immer wieder muss erfolgreich verkauft werden und manche KUNDEN geben auch keine Empfehlungen mehr durch ständige negative Meldungen in den Medien!

Durch viele Unternehmer, Verkäufer und Medien wurde ein negatives Image geschaffen, deshalb wird Mitarbeiter finden auch immer schwieriger. Fasst jeder der von Verkauf, Außendienst, Struktur, etc. hört denkt sofort an Klinken putzen oder Schneeballsystem! Trotzdem gibt es noch viele Unternehmen, die auch Mitarbeiter im Außendienst haben.

P.S. Jeder Unternehmer und Mitarbeiter sollte ebenfalls immer bereit sein zum Lernen-Umdenken-Mitdenken, denn allein ist jeder ein Niemand! Wer erfolgreich sein will, muss immer überlegen, ob und was könnte man verbessern?

Zu 2. Was ist der Unterschied zwischen MLM und DIREKTVERTRIEB?

Im Direktvertrieb ist man für ein Unternehmen als Mitarbeiter (VERKÄUFER) tätig! Für die Vergütung gibt es verschiedene Möglichkeiten, wie jeder auf der Webseite von "mlm-diagram" sehen kann. Bei der zusätzlichen Nutzung von MLM hätte der Kunde die Möglichkeit für jede erfolgreiche Weiterempfehlung ebenfalls durch mehrere Ebenen eine Empfehlungsprämie (Bonusprämie) zu bekommen!

Der Unterschied besteht darin, der Emphehlungsgeber ist kein Mitarbeiter des Unternehmens, sondern wird nur als Kunde für das MLM-Bonusprogramm registriert. Er darf niemanden selber etwas verkaufen oder eine Beratung durchführen! Wer das machen möchte muss sich als Mitarbeiter bewerben und eine Ausbildung machen, wenn es sich um ein "seriöses Unternehmen" handelt. Jeder der jetzt die Diagramme im Internet sich anschaut, weiß für was diese benutzt werden können. Diese Diagramme haben nichts mit einem Schneeballsystem zu tun, sondern Beispiele für die Verteilungsmöglichkeiten für Mitarbeiter (Verkäufer, Berater) und zur Belohnung für Emphehlungsgeber!

Das bedeutet, diese Diagramme sind eine Erfindung für die Vergütung, egal ob diese für Mitarbeiter (Verkäufer, Berater) oder für Bonusprämien (Empfelungsgeber, Kunden) benutzt werden! Es kommt immer darauf an was Menschen damit machen:

- Sie können diese "richtig und seriös" für die Vergütung der Mitarbeiter (Verkäufer, Berater) und zur Belohnung (Bonusprämie) von Kunden (Emphehlungsgeber) Nutzen!
- Sie können daraus ein "Schneeballsystem" machen, es werden keine Produkte bewegt, sondern nur Geld eingezahlt = Pyramidenspiel!
- Sie können diese benutzen, um falsche Gerüchte, sinnlose Kommentare zu verbreiten!

Diese MLM-Diagramme können nichts dafür, wenn Menschen damit Schaden anrichten oder diese nicht "richtig und seriös" verwendet werden! Die Ursachen liegen im schlechten Bildungssystem der Länder und schlechter Beratung von angeblichen Fachexperten, die selber keine Ahnung haben!

Bis heute gibt es zwar viele verschiedene Angebote, aber für Millionen Kunden keine Informationen darüber. Dadurch ist es normal, wenn die Unternehmer, Mitarbeiter und Kunden sich gegenseitig bekämpfen und ständig Gerüchte verbreitet werden. Mir ist kein Unternehmen bekannt, das mit einer Vertriebsart den Markt erschlossen hat! Es sogar Unternehmen gibt, die verwenden den Namen MLM schon seit 50 Jahren die kaum jemand kennt! Trotzdem werden immer wieder solche Gerüchte verbreitet von Menschen die keine Ahnung davon haben!

P.S. Es ist vollkommen normal, das Fehler gemacht werden können, durch schlechte Fachexperten oder vom Unternehmer selber oder durch Mitarbeiter, die für das Unternehmen tätig sind! Deshalb müssen alle auch Lernen die Theorie mit der Praxis zu verbinden und gemeinsam überlegen, wie man Fehler reduzieren oder sogar beseitigen kann. Wichtig dabei ist immer die Kommunikation!

Beispiele wie der Name MLM für Schneeballsysteme benutzt wurde!

Es gibt Menschen, die diese Diagramme und den Namen MLM benutzt haben, um das schnelle große Geld machen zu können. Dazu einige Beispiele:

Pyramidenspiele (Diese haben damals den Namen MLM benutzt)

Es gab in den 90iger Jahren, wo Menschen 5000 DM in ein Pyramidenspiel eingezahlt haben und diese mussten wieder 5 Personen suchen, die ebenfalls jeder 5000 DM eingezahlt haben und diese mussten ebenfalls wieder, jeder 5 Personen suchen die 5000 DM eingezahlt haben usw. usw.! Diese 5000 DM wurden durch 5 oder mehr Ebenen verteilt. Es soll dafür sogar Jubelveranstaltungen gegeben haben. Das ist logischerweise ein Schneeballsystem, wo es irgendwann Millionen Verlierer geben muss. Es werden keine Produkte bewegt, sondern Menschen benutzt damit wenige dadurch Reich werden. Zahlen Sie niemals in solche Pyramidenspiele ein. Durch dieses Pyramidenspiel haben auch in Deutschland viele 5000 DM oder sogar noch mehr Geld verloren. Logisch das die Verlierer alle sagen MLM ist ein Schneeballsystem. Man hatte damals im TV davon berichtet. Für seriöse Vertriebsfirmen und den Mitarbeitern die im Vertrieb seriös arbeiten, waren diese TV Meldungen natürlich eine Geschäftsschädigung. Das Problem der Menschen besteht nun mal darin alles in einen Topf zu werfen!

Auch folgender Anbieter hatte mit dem Namen MLM das schnelle große Geld machen wollen. Bei diesem Anbieter, mussten Mitarbeiter für 5000 DM kleine Mini-Glasfiguren kaufen und die sollten wieder 5 Personen suchen, die ebenfalls jeder für 5000 DM diese Mini-Glasfiguren kaufen und das ging bis zu 5 Ebenen in die Tiefe. So ein Schwachsinn, was will jemand mit so vielen Glasfiguren?

Finanzbranchen haben ebenfalls MLM für den Verkauf von Risiko-Versicherungen falsch benutzt bzw. missbraucht. Der Grund dafür ist folgender, es gab dafür hohe Provisionen über 1500 DM, die durch mehrere Ebenen verteilt wurden. Diese wurden durch Massenveranstaltungen verkauft. Das Problem war: Die Provisionen wurden von Unternehmen vorfinanziert (Stornohaftung). Das bedeutet, erst wenn Kunden eine bestimmte Anzahl an Monatlichen Beiträgen gezahlt haben, war die Versicherung Stornofrei. Dadurch ist den Versicherungsunternehmen das Geld ausgegangen für die Provisionszahlungen. Wenn danach der Vertrieb eingestellt wird, gibt es logischerweise Kündigungen und deshalb konnte man das ebenfalls als Schneeballsystem bezeichnen. Das wäre nie passiert, wenn es in den Ländern ab der 8. Klasse einen Unterricht im Vertriebsmarketing geben würde.

P.S. MERKE, es gibt viele gute Erfindungen von Ideen, Produkten und Dienstleistungen, die Millionen Menschen nutzen und helfen können! NUR Menschen können damit aber auch soziale und wirtschaftliche Probleme verursachen! Das wird sich auch in Zukunft nicht ändern.

Sie haben jetzt viele Beispiele lesen können, das “Erfindungen” keine Probleme verursachen, sondern es an den Menschen liegt, wie Sie diese Erfindungen benutzen oder darüber berichten! Wer das jetzt immer noch nicht verstanden hat oder nicht verstehen will, dem kann man logischerweise nicht helfen.

Da ich 1995 sogar ein „MLM – FAN“ gewesen bin, wollte ich damals einen Privatunterricht als DVD auf den Markt bringen. Aber mir war leider die Motivation dafür vergangen durch die negativen Erfahrungen! Hier können Sie sehen, was ich damals 1995 mir über MLM aufgeschrieben hatte!

Meine “persönliche Meinung” über MLM als MLM-Fan von 1995

- MLM ist für mich **KEINE „haupt- oder nebenberufliche Tätigkeit“**, da ich kein **VERKÄUFER von Produkten, Dienstleistungen** bin!
- MLM ist für mich als KUNDE eine MOTIVATION durch zusätzliche Gewinnmöglichkeiten, um meine Kaufkraft (Taschengeld) zu erhöhen!
- MLM ist eine Alternative für KUNDEN, um in einem Land die Wirtschaft zu verbessern und Arbeitsplätze zu erhalten!
- MLM ist für mich eine Alternative, wo ich als KUNDE kein Büro benötige, sondern ich kann für einige Angebote PC und Internet nutzen!
- MLM ist für mich als KUNDE eine Alternative, wo ich niemals ein Lager von Produkten besitze!
- MLM ist für mich eine Alternative, wo ich niemals jemanden etwas verkaufen könnte, da jeder genauso wie ich die Produkte, Dienstleistungen **„SELBER“** bei dem **ANBIETER oder VERKÄUFER** bestellen, kaufen oder nutzen muss, wer das nicht kann ist logischerweise für MLM nicht geeignet!
- Ich kann NIEMALS Freunde, Bekannte oder Verwandte, etc., etwas aufschwatzen, überreden oder überzeugen, wenn jeder selber entscheiden muss ob, wann und welche Angebote er nutzt und diesen PRIVATUNTERRICHT kennt!
- Ich bestimme bei Angeboten mit persönlicher Weiterempfehlung, ob und an wem ich die Angebote weiterempfehle bzw. darüber informiere!
- Ich weiß dass es logisch ist, wenn ich „selber“ keine Angebote nutze oder weiterempfehle dann kann ich auch keine Prämie, Punkte, Gewinne erhalten!
- Geeignete Unternehmen könnten “MLM – Alternativen” in Zukunft vielen Personen „seriös“ anbieten die berufstätig sind, egal ob für Produkte oder Dienstleistungen durch den Einzelhandel, Versandhandel, Direktvertrieb, Fernsehen oder Internet, etc.!.

In diesem Ratgeber für eine bessere Zukunft haben Sie einen Vorschlag kennen gelernt, wie man aus allen Prospekten symbolisch für den Kunden ein Lottoschein machen könnte! Je nach Anbieter mit bis zu 10, 50, 100 bis 500 LP-Einzelaktionen zur Auswahl für Millionen Kunden. Bis heute ist noch niemand auf so eine einfache Idee gekommen! Ich habe diese Idee für den Einzelhandel erarbeitet!

Genauso können verschiedene Bonusprogramme für Kunden/Empfehlungsgeber erarbeitet werden, die den Mitarbeitern/Beratern im Außendienst erfolgreiche Empfehlungen gegeben haben, egal ob Direktvertrieb, Network Marketing. etc.!

Die Zukunft? Gleiche Informationen für alle durch ein Video!

Damit Mitarbeiter/Berater aber keine falschen Versprechungen machen können, sollte der Unternehmer ein Video auf der Webseite zur Verfügung stellen, wo das Bonusprogramm erklärt wird und das Kunden/Empfehlungsgeber keine Produkte verkaufen oder eine Beratung machen dürfen. Damit hat jeder die gleichen Informationen und falsche Gerüchte können vermieden werden.

P.S. Es ist ganz normal, dass es in Deutschland schon Millionen Menschen gibt, egal ob Fachexperten, Unternehmer, Mitarbeiter oder Kunden, die irgendwo „Lehrgeld“ bezahlt haben durch Unwissenheit.

In der DDR wurden Millionen Menschen durch Politiker 40 Jahre eingesperrt. Diese Politiker hatten damals ebenfalls NIE begriffen, dass „Die Wirtschaft das Herz eines Staates ist“! Marktwirtschaft war für die ein Fremdwort. Da es für DDR-Bürger kaum Informationen über Marktwirtschaft gab, konnten Millionen DDR – Bürger nach der Wende abgezockt werden! Es begann die Jagd nach Kunden auch durch viele Außendienstmitarbeiter.

Manchen Unternehmern war es egal, ob die Mitarbeiter/Berater seriös oder unseriös gearbeitet haben, die Hauptsache war, viele Produkte wurden verkauft! Wir waren natürlich gegen die vielen Verlockenden Angebote und Versprechungen machtlos ausgesetzt. Ich war damals 38 Jahre, als ich mir persönlich folgende Frage stellte:

Warum wohnen in den alten Bundesländern Millionen Menschen zur Miete?

Der Grund war, alle Finanzbranchen machten Jagd auf Kunden im Osten mit falschen Versprechungen, **„der Traum vom eigenen Haus, die Miete in die eigene Tasche bezahlen“**, usw.! Wir haben heute 2020 und jeder kennt durch ständige Berichte im TV das Wohnungsproblem durch teure Mieten. Das bedeutet, dieses Problem hat es früher gegeben und gibt es heute noch.

Das war für mich der Grund gewesen, warum ich angefangen habe Marktforschung zu betreiben. Mein Ziel war: Ich wollte wissen, warum und wie werden Millionen Kunden durch falsche Versprechungen „verarscht, abgezockt“, und welche Möglichkeiten bietet die Marktwirtschaft, um dieses Problem (Miete) zu reduzieren?

Durch theoretische und praktische Ausbildungen in Unternehmen aus Bayern lernte ich Vertriebsmarketing. Ich kaufte mir einige Bücher und beobachtete den Markt durch TV und Zeitschriften. Ich lernte, welche Fehler durch Unternehmer und Mitarbeiter/Berater im Vertrieb gemacht werden und wie Firmenpleiten verursacht werden können. Wie Geschäftsschädigung betrieben wird und welche Möglichkeiten die Marktwirtschaft bietet um Millionen Menschen helfen zu können, ohne falsche

Versprechungen, Lügen und Betrug! Mein Problem war, ein Unternehmer aus Bayern für den ich gearbeitet habe, wurde durch Geschäftsschädigung in die Pleite getrieben und ich in die Schulden, durch ein Büro mit hohen Mietkosten! Ich hatte danach sogar herausbekommen, dass es Mitarbeiter waren die im Außendienst für den Produktpartner gearbeitet haben.

Fazit: Obwohl ich in Schulden geraten bin, habe ich NIE die Schuld auf den Unternehmer geschoben für den ich gearbeitet habe, weil ich die Ursachen herausgefunden habe. Mein einziger Vorteil war, durch diese negativen und positiven Erfahrungen und Ausbildungen, kannte ich den Unterschied, was seriöse und unseriöse Verkäufer/Berater sind. Welche Fehler Unternehmen bis heute machen, weil Sie von schlechten Fachexperten beraten wurden, die von Vertriebsmarketing keine Ahnung haben, welche Möglichkeiten die Marktwirtschaft bietet und wie man diese richtig und seriös nutzen könnte. Als ich diesen Ratgeber geschrieben habe, hatte ich im Internet einen „anonymen Testversuch" gemacht und in einem Frageportal mal eine Frage gestellt um zu sehen, was für sinnlose Kommentare geschrieben werden. Das Ergebnis: Keiner hat auf meine Frage geantwortet, aber total sinnlose Kommentare gegeben. Da einer dabei gewesen war der angeblich sich mit BWL auskennt, habe ich natürlich gleich mal die Frage gestellt, ob er MLM kennt? Die Antwort war genauso wie ich es geahnt habe. „Ja kenne ich MLM ist ein Schneeballsystem"! Ich hebe sofort den Kommentar beendet.

Wenn man sich in den letzten 30 Jahren die Wirtschaft in Deutschland anschaut, dann ist für mich das logisch, wenn solche angeblichen Fachexperten Unternehmen beraten, wir Firmenpleiten, Arbeitslosigkeit und soziale und wirtschaftliche Probleme haben. Ich dachte wer BWL studiert müsste davon Ahnung haben.

Lernen-Umdenken-Mitdenken

Mit diesem Ratgeber für eine bessere Zukunft, kann ich logischerweise nicht über alle Erfahrungen berichten, die ich gemacht habe. Ich kann nur Vorschläge machen, wie sich Menschen ändern könnten, wenn Sie einmal in Ruhe darüber nach Denken, bevor jemand meckert, sinnlos diskutiert oder irgendwo falsche Kommentare schreibt.

Wäre ich nicht zufällig auf die Geschäftidee "Kunden helfen Kunden beim Punkte sammeln" gekommen, dann wäre dieser Ratgeber nicht entstanden und Ihr würdet niemals davon erfahren. Jetzt könnt Ihr den Markt beobachten und wenn Alternativen angeboten werden diesen Ratgeber benutzen.

Solange die Guten Menschen im Land nicht anfangen, die Alternativen "richtig und seriös" zu benutzen, die die Marktwirtschaft bis heute bietet, um den Millionen Menschen im Land zu helfen, dann wird sich auch in den nächsten 30 Jahren nichts ändern! Das ist meine persönliche Meinung.

Damit möchte ich jetzt das Thema: MLM und Schneeballsystem beenden!

Für mich war damals das Thema interessant, ich hoffe ich konnte Euch helfen beim

LERNEN – UMDENKEN – MITDENKEN!

Es sind Menschen im Land, die soziale und wirtschaftliche Probleme verursachen und NUR Menschen im Land könnten diese Probleme reduzieren!

WENN SIE ES WOLLEN!

Wichtiger Hinweis zur Geschäftsidee:

„KUNDEN helfen KUNDEN beim PUNKTE sammeln“
Copyright 2019 Vorschlag von Dieter Symmank

Diese Geschäftsidee mit dem Namen „Kunden helfen Kunden beim Punkte sammeln“ darf NICHT für einen Direktvertrieb, Strukturvertrieb, Network Marketing-Vertrieb, MLM-Vertrieb, etc. verwendet werden!

Nutzen Sie **NIEMALS** so eine Möglichkeit, **wenn jemand so etwas anbieten würde! So erkennt man diese Anbieter:**

- Sie müssen Kunden werben und bekommen dann von den Kunden Punkte die Sie dafür geworben haben.

- Diese Kunden müssen dann wieder Kunden werben von denen Sie ebenfalls wieder Punkte bekommen, das kann durch mehrere Ebenen erfolgen.

Lassen Sie die Finger davon, wenn Sie so ein Angebot erhalten, die glauben damit das schnelle große Geld machen zu können. Meine Geschäftsidee „Kunden helfen Kunden beim Punkte sammeln“ ist KEIN Vertrieb!

Diese Geschäftsidee ist für Unternehmen gedacht die Produkte in den Prospekten anbieten, sowie für alle Läden und Geschäfte, wo eine LP-Registrierung und Vergabe ab 4 LP = 4 Cent möglich ist. Das gleiche gilt auch für alle Dienstleistungen, wo diese Voraussetzungen für LP-Kunden geschaffen werden könnten.

Für meine Geschäftsidee, darf nur die MLM-Software für die automatische Verteilung von LP und zur Registrierung und Information für LP-Kunden benutzt werden, mehr nicht.

„Dieter der coole Rentner“

„Dieter der coole Rentner"

Veröffentlicht seine Geschäftsidee für eine bessere Zukunft

„<u>KUNDEN helfen KUNDEN beim PUNKTE sammeln</u>"

durch

Löwen-Punkte (LP)

Voraussetzung für alle:

Unternehmer, Mitarbeiter und Kunden

sind bereit zum

Lernen-Umdenken-Mitdenken

den

ALLEIN ist JEDER ein NIEMAND

Thema:

Original-Auszüge aus meinem Buch von 2005!

<u>Die Wirtschaft ist das Herz eines Staates!</u>

„Original-Auszüge von meinem Buch von 2005“

Einführung

Der „Bund der Steuerzahler“ (www.steuerzahler.de) berichtet seit über 30 Jahre durch ein „Schwarzbuch“ mit dem Titel „Die öffentliche Verschwendung“, wie durch Politiker und Behörden Milliarden Euro jedes Jahr sinnlos verschwendet werden. In den letzten Jahren waren es jedes Jahr ca. 30 Milliarden Euro. Deshalb wären überhaupt keine Steuererhöhungen notwendig, wenn Politiker dafür sorgen würden, dass diese 30 Milliarden in Zukunft jedes Jahr eingespart werden.

In 5 Jahren wären das 150 Milliarden und in 10 Jahren bereits 300 Milliarden Euro Einsparung!

Deshalb ist für mich jede weitere Steuer-, Abgabenerhöhung oder Erfindung ein Verbrechen an Millionen Menschen die jeden Tag arbeiten gehen und eine weitere Vernichtung der Wirtschaft im Land. Alle Steuern und Abgaben die in den letzten 15 Jahren erhöht oder neu erfunden wurden, haben bis heute keinen sozialen und wirtschaftlichen Nutzen gebracht. Dagegen sind die Schulden durch sinnlose Verschwendung fasst überall größer geworden. Ich finde es deshalb eine Frechheit, wenn Personen von Steuergeldern bezahlt werden und in der Öffentlichkeit sagen: „Wir wollen das es in Zukunft den Menschen im Land besser geht“! Die Wahlen 2005 haben es wieder gezeigt, in der Politik geht es immer nur um die Macht und das Volk wird abgezockt.

Meine persönliche Meinung zum Thema „GELD"

Warum wurde das Geld erfunden?

- Geld wurde erfunden, damit hergestellte Produkte bewegt und angebotene Dienstleistungen gekauft bzw. genutzt werden können. Ansonsten kann niemand bezahlt werden!

- Geld wurde nicht zur Verschwendung durch Politiker, Behörden und Unternehmer erfunden. Ebenso wenig um Firmenpleiten, Arbeitslosigkeit, Schulden und steigende Kriminalität zu verursachen!

Kein Mensch auf der Welt kann ohne einen anderen Menschen Geld verdienen oder Gewinne erzielen!

Keine Politiker, Behörden, Unternehmer, Privatpersonen können und dürfen Geld zur Lösung finanzieller Probleme herstellen!

Damit der „Kreislauf des Geldes“ in der Wirtschaft funktioniert, sollten alle Möglichkeiten, die eine Marktwirtschaft für die „Verteilung des Geldes“ bietet, richtig und seriös genutzt werden.

Jeder Euro der durch Politiker und Unternehmer in Zukunft sinnlos verschwendet wird, ist ein Euro zu viel!

Meine persönliche Meinung nach der „Deutschen Einheit“ zum Thema

Marktwirtschaft

Wenn es in einem Staat finanzielle, soziale und wirtschaftliche Probleme gibt, dann liegt es nicht an der Erfindung des Geldes oder an der Marktwirtschaft!

Die Hauptursachen:

Das Problem liegt an der falschen und sinnlosen Verteilung bzw. Verschwendung des Geldes durch Politiker, Behörden und Unternehmer und somit an einigen Menschen, die in diesem Staat leben!

Millionen Menschen, die jeden Tag ehrlich arbeiten, werden jedes Jahr durch einige Politiker, Behörden und Unternehmer wegen Geld zu „Gejagten und zu Opfern“ gemacht! Dabei ist es egal, ob als Arbeiter oder als Kunden!

Macht- und Geldgier, falsche Versprechungen, Lügen und Betrug! Politiker, Behörden, Unternehmer, Fachexperten und die Medien sorgen dafür, dass sich die Menschen im Land wegen Geld gegenseitig bekämpfen! Durch ein schlechtes Bildungswesen und Gesetze mit Gummiparagraphen können jedes Jahr Millionen Kunden wegen Geld belogen, betrogen und abgezockt werden!

Ständig gibt es Berichte in den Medien und trotzdem ändert oder verbessert sich nichts! Es gibt genügend Menschen in einem Land, die gegen Verbesserungen sind, weil viele an dieser Verbrecherwirtschaft verdienen.

Die Folgen:

Seit 15 Jahren wird in den Medien jedes Jahr über Sparprogramme, Firmenpleiten, steigende Arbeitslosigkeit, Entlassungen, Steuer- und Abgabenerhöhungen, Erfindung von neuen Steuern und Abgaben, Verschuldung des Staates, der Kommunen und der Haushalte, Kürzung von Sozialleistungen, Preis- und Mietsteigerungen, steigende Kriminalität, usw., usw. berichtet!

Was wird bis heute dagegen gemacht:

Nichts! Durch einige Politiker, Behörden, Gewerkschaften, angebliche Fachexperten, Unternehmer wird in den Medien und Talkshows über Marktwirtschaft, Arbeitslosigkeit, geringe Kaufkraft nur geredet und sinnlos diskutiert. Statt für eine gerechte und soziale Marktwirtschaft zu sorgen, wird jedes Jahr eine Verbrecherwirtschaft betrieben! Es wird immer Menschen geben, die folgendes nie begreifen werden oder wollen:

Die Wirtschaft ist das Herz eines Staates!

- Die Marktwirtschaft bietet viele Möglichkeiten für die Verteilung und den Kreislauf des Geldes und damit auch zur Reduzierung vieler Probleme!
- Wenn für Millionen Menschen im Land in Zukunft keine Möglichkeiten zur Reduzierung von Problemen „richtig und seriös“ angeboten werden, dann wird sich auch in Zukunft nichts ändern bzw. verbessern. Es wäre kein Problem, wenn man das Fernsehen, Internet und die Medien dafür richtig und seriös zur Information benutzen würde.

Solange wir leben benötigen alle Menschen in einem Land Produkte und Dienstleistungen. Dafür werden immer benötigt:

Chef/Unternehmer/Anbieter
Mitarbeiter
Kunden
und das wichtigste
Geld (Taschengeld)

Aber nur wenn die „richtige Verteilung“ und der „Kreislauf des Geldes“ in der Wirtschaft funktioniert, können auch in Zukunft zusätzliche Arbeitsplätze geschaffen und die Kaufkraft erhöht werden! Die Marktwirtschaft bietet verschiedene Möglichkeiten zur Verteilung des Geldes, die bis heute nicht „richtig und seriös“ zur Förderung der Wirtschaft genutzt und angeboten werden! Deshalb von mir ein paar ganz einfache Fragen und Antworten für Unternehmer, Mitarbeiter und Kunden:

Sie sind Chef eines Unternehmens!

Frage: Können Sie ohne Mitarbeiter und Kunden, Geld verdienen oder Gewinne erzielen?

Meine Antwort: Nein!

Sie sind Mitarbeiter in einem Unternehmen!

Frage: Hätten Sie ohne Chef/Unternehmer eine Arbeit und würden Sie ohne Kunden Lohn/Gehalt bekommen?

Meine Antwort: Nein!

Sie sind Kunde!

Frage: Können Sie ohne Geld Produkte kaufen oder Dienstleistungen nutzen? Gebe es ohne Chefs/Unternehmer und Mitarbeiter Produkte und Dienstleistungen?

Meine Antwort: Nein!

Damit müsste eigentlich jeder begriffen haben, dass er allein ein Nichts ist und ohne andere Menschen gebe es keine Arbeitsplätze, kein Lohn/Gehalt und keine Angebote von Produkten und Dienstleistungen!

Probleme kann man niemals durch Macht und Geldgier, falsche Versprechungen, Lügen und Betrug, Meckern, negatives Denken, sinnlose Diskussionen, gegenseitige Geschäftsschädigungen, Streiks, etc. beseitigen; sondern man muss gemeinsam Lernen wie die Möglichkeiten, die eine Marktwirtschaft bietet, richtig und seriös angeboten und genutzt werden können!

Das gilt für alle geeigneten Unternehmer, Fachexperten, Mitarbeiter und Kunden!

Wussten Sie schon?

Das Taschengeld ist das einzige Geld, wo kein Gesetz, Politiker, Behörde, Unternehmer, Freunde, Bekannte etc. vorschreiben können für welche Produkte und Dienstleistungen eine Person es benutzt bzw. ausgibt. Deshalb sollte jeder wissen was ich unter Taschengeld verstehe.

So lange ein Mensch lebt, benötigt jeder für Produkte und Dienstleistungen das Allerwichtigste: „Taschengeld".

Was bedeutet für mich Taschengeld?

Ganz einfach:

Wenn ich einen ganzen Monat auf Arbeit geschuftet habe bekomme ich einen Bruttoverdienst. Diesen bekomme ich nicht ausgezahlt, denn jetzt beginnt die Verteilung des Geldes!

Davon wird z. B. abgezogen:

- **Lohnsteuer**
- **Krankenversicherung**
- **Rentenversicherung**
- **Arbeitslosenversicherung**
- **Pflegeversicherung**
- **Kirchensteuer**
- **Solidaritätszuschlag**

Überall verdienen Menschen davon - auch die „Obersten" - und den Kleinen „beißen die Hunde"! Die Medien berichten ständig, dass Gelder sinnlos verschwendet, missbraucht oder zweckentfremdet werden! Überall, wird nur von leeren Kassen und Schulden gesprochen und dafür werden wir ständig abgezockt. Durch neue Steuern, Abgaben und sonstige Erhöhungen!

Davon werden Dienstleistungen bezahlt die nichts mit der Absicherung von Arbeitsplätzen, der Herstellung und dem Vertrieb von Produkten zu tun haben!

Der Rest der übrig bleibt heißt Nettoeinkommen!

Von diesem Geld wollen auch noch andere Menschen verdienen. Deshalb beginne ich wieder mit der Verteilung des Geldes.

Ich bezahle davon z. B.:

- Miete
- Telekom
- Stadtwerke
- Versicherungen
- Autowerkstatt
- Tanken
- Steuern, etc.

Auch hier verdienen wieder überall viele Menschen daran - auch die „Obersten“! Ich bin wieder nur zahlender Kunde!

Auch hier werden wieder nur Dienstleistungen bezahlt und keine Arbeitsplätze abgesichert, die mit der Herstellung und dem Vertrieb von Produkten zusammenhängen!

Den Rest, der dann noch übrigbleibt, bezeichne ich als Taschengeld!

Taschengeld ist das einzige Geld, wo Millionen Menschen ganz allein die Entscheidung treffen ob, wann und für welche Produkte (z.B.: Auto, Möbel, Fernseher, Lebensmittel, usw.) und Dienstleistungen (z.B.: Kino, Lotto, Sport- und Freizeitmöglichkeiten, Urlaub, Geldanlagen, usw.) das Taschengeld ausgegeben wird.

Taschengeld bezeichnet man auch als die Kaufkraft der Kunden.

Merke: Dieses Taschengeld entscheidet über Arbeitsplätze von der Herstellung bis zum Vertrieb von Produkten, die dadurch bewegt und bezahlt werden, und den vielen Dienstleistungen, die wir damit nutzen können!

- Je höher das Taschengeld, desto höher ist logischerweise auch die Kaufkraft!
- Je höher die Kaufkraft, desto höher die Steuereinnahmen (z.B. MwSt. Gewerbesteuer, etc.)!
- Weniger Taschengeld bedeutet geringe Kaufkraft, geringe Steuereinnahmen und logischerweise auch weniger Arbeitsplätze. Ganz einfach – oder?

Politiker machen ständig „JAGD“ nach diesem Taschengeld. Wenn zum Beispiel die Mehrwertsteuer (MwSt.) von 16% auf 19% erhöht wird, dann werden die Preise höher und die Kaufkraft geringer. Wie soll damit die Wirtschaft gefördert werden?

Verbrecherwirtschaft bedeutet für mich:

Wenn für Millionen Menschen, die jeden Tag ehrlich arbeiten, das Taschengeld von Jahr zu Jahr immer weniger wird! Diese Menschen werden für die Dummheit von einigen Politikern, Behörden und Unternehmern bestraft, die jedes Jahr Milliarden Gelder sinnlos verschwenden. Durch diese Geldverschwendungen werden Steuern und Abgaben erhöht oder neue erfunden. Zudem werden Kunden durch falsche Versprechungen, Lügen oder Betrug angelockt und abgezockt. Beispiele dafür gibt es in den Medien genug.

Marktwirtschaft bedeutet für mich:

1. Angebot und Nachfrage, sowie die Kaufkraft (Taschengeld) der Kunden entscheiden in jedem Unternehmen über Gewinn, Verlust, Löhne/Gehälter, Entlassungen, Firmenpleiten etc.!
2. Macht- und Geldgier, falsche Versprechungen, Lügen und Betrug, sowie die Verbreitung von Gerüchten sollte durch das Fernsehen, das Internet und die Medien „durch richtige und seriöse Information“ bekämpft, bestraft und damit reduziert werden.
3. Wenn es in einem Land „richtige“ Unternehmer und Fachexperten gibt, die dafür sorgen, dass Gewinne, die durch Mitarbeiter und Kunden erzielt werden, nicht sinnlos verschwendet werden.
4. Die Marktwirtschaft bietet viele Möglichkeiten um Gewinne zur Förderung der Wirtschaft und zur Motivation für Millionen arbeitender Menschen zu nutzen.

Unternehmer und Fachexperten haben Marktwirtschaft erst begriffen, wenn in Zukunft Millionen Menschen die auf Arbeit gehen:

- Jedes Jahr Sport- und Freizeitmöglichkeiten nutzen und bezahlen können.
- Alle 5 – 7 Jahre neue Produkte wie z. B. Möbel, Fernseher, Auto etc. kaufen können, da jedes Jahr neue Produkte auf den Markt kommen, verändert oder verbessert werden.

Unternehmer könnten „selbst“ mit den „richtigen Fachexperten“ dafür sorgen, dass unsere Kaufkraft wieder höher und nicht niedriger wird. Ich hoffe mit diesem Buch, dass es in Zukunft endlich Unternehmer gibt, die Ihren Verstand benutzen und sich für diesen Vorschlag zur „Förderung der Wirtschaft“ einsetzen und ihn umsetzen.

Ansonsten müssen Millionen Menschen in Zukunft die KLUGEN SPARTIPS von DUMMEN Fachexperten in den Medien nutzen: "Unser Geld wird immer weniger. Deshalb kaufen Sie gebrauchte Autos, Möbel, Fernseher, etc.“?

P.S.: Diese unfähigen „Fachexperten“ könnten folgende Schlagzeile benutzen:

Helfen Sie mit, Arbeitsplätze zu vernichten!

Mein Lösungsvorschlag in diesem Buch entstand nach eigener Marktforschung und folgenden Überlegungen:

1. Warum und wie werden durch welche Menschen Probleme in einem Land verursacht?
2. Welche Möglichkeiten bietet die Marktwirtschaft um Probleme in einem Land zu reduzieren?

Nach meiner Meinung ist es kein Problem, in Zukunft zusätzlich Arbeitsplätze zu schaffen und die Kaufkraft zu erhöhen! Wenn die Menschen in einem Land es wollen!

Sogar Millionen Menschen in einem Land könnten dabei mithelfen, wenn die erforderlichen Voraussetzungen dafür geschaffen werden!

Aber woher soll das Geld kommen?

Ohne Preis-, Steuer- und Abgabenerhöhungen! Es gibt dafür viele einfache Möglichkeiten:

Von der Verkaufsspanne, die es in einer Marktwirtschaft auf alle Produkte gibt!

Dabei ist es egal, ob Lebensmittel, Möbel, Autos, Elektrowaren etc.! Jeden Tag gehen Millionen Menschen unabhängig von Beruf und Bildung, Geschlecht und Alter einkaufen. Dadurch werden jeden Tag in einem Land viele Millionen Produkte verkauft!

Von dieser Verkaufsspanne könnten mehrere Cent bis über 1000 Euro* durch die Unternehmer gespendet bzw. gezahlt werden.

*Es ist logischerweise ein Unterschied ob jemand z. B. Lebensmittel, ein Auto oder ein Haus kauft!

Die VERKAUFSSPANNE

Die Verkaufsspanne ist für die Marktwirtschaft die wichtigste Voraussetzung für alle Unternehmer in einem Land, die Produkte anbieten und verkaufen.

Jeder kennt vielleicht schon folgende Beispiele:

- Als in Ostdeutschland das Jahrhunderthochwasser war hat eine Handelskette einige Cent von jeder verkauften Gurke auf ein Spendenkonto gezahlt.
- Ein Sportler macht im Fernsehen Werbung: Wer einen Kasten Bier kauft, fördert Bolzplätze für Kinder.
- Eine Schauspielerin macht ebenfalls im Fernsehen Werbung: Wer Schokolade kauft, fördert Schulkinder in der Dritten Welt.
- Genauso gibt es bereits viele Möglichkeiten, wo die Verkaufsspanne zum Punkte sammeln angeboten wird, um dafür Prämien zu bekommen.
- Die Verkaufsspanne wird auch durch Unternehmer für Rabattschlachten (die bis heute keinen sozialen oder wirtschaftlichen Nutzen haben) verwendet.

Das bedeutet, dass es bereits einige Beispiele gibt, wo von der Verkaufsspanne einiger Produkte für verschiedene Zwecke gespendet wird oder unterschiedliche Treuepunkte gesammelt werden können! Es wäre in der Praxis also kein Problem, die Verkaufsspanne auch für meinen Vorschlag zur Förderung der Wirtschaft zu nutzen.

WENN DIE UNTERNEHMER ES WOLLEN!

Während ich jedes Wochenende die vielen Prospekte bekomme, die Anzeigen in den Zeitschriften lese und selbst einkaufen gehe, denke ich an diese einfache Möglichkeit für die Verteilung des Geldes. Mit allen Produkten, die es in der Marktwirtschaft gibt, könnten zusätzlich die Jackpots gefüllt werden um in Zukunft die Wirtschaft im Land zu fördern. Vorausgesetzt, die Unternehmer wollen es.

Politiker und Behörden werden auch in Zukunft nur dafür sorgen, dass Millionen Menschen durch Steuern und Abgaben abgezockt werden.

Unternehmer und Fachexperten könnten etwas dagegen tun und müssten nur gemeinsam die erforderlichen Voraussetzungen schaffen. Viele Länder in denen es Marktwirtschaft gibt haben die gleichen Probleme: Millionen Menschen im Land fordern an erster Stelle zusätzlich Arbeitsplätze (P.S. Zur Bundestagswahl 2005 in Deutschland forderten es 86% der Wähler) und an zweiter Stelle eine höhere Kaufkraft - also mehr Taschengeld.

Deshalb an alle Unternehmer und Fachexperten, die immer noch nicht begriffen haben, warum man diesen Millionen Menschen eine Möglichkeit, anbieten sollte:

- Jeder Cent oder Euro, den Politiker und Behörden durch Steuern oder Abgaben bekommen oder abzocken, ist weg und bringt den Millionen Menschen und der Wirtschaft im Land keinen Nutzen.

Lernen – Umdenken - Mitdenken

Beispiel: Autoherstellung, Möbel, etc.

Bevor jemand ein Auto fahren kann gibt es eine Autofirma und viele Zulieferfirmen, die verschiedene Teile herstellen. Nur wenn das Auto erfolgreich verkauft wird, erzielen alle Unternehmen Gewinne! Durch ständige Steuer- und Abgabenerhöhungen wird logischerweise auch die Kaufkraft für Autos und Möbel etc. immer schlechter. Deshalb entsteht ein Konkurrenzkampf zum Nachteil für die Mitarbeiter im Unternehmen und in den Zulieferfirmen, da diese in Zukunft kaum eine Lohn-/Gehalts Erhöhung, sondern eher Kürzungen erwarten können.

Dafür gibt es bereits in den Medien viele Hinweise.

Meinen Vorschlag könnten viele Unternehmen nutzen, die an der Herstellung von Produkten beteiligt sind oder mit Dienstleistungen zu tun haben.

Einige Unternehmen, die durch Kunden Milliarden Gewinne erzielen, wollen dennoch aus Rationalisierungs- oder Wettbewerbsgründen Mitarbeiter entlassen. Ich habe damit kein Problem, solange diese in Zukunft mithelfen, neue Arbeitsplätze zu schaffen.

Beispiel: Millionen für bekannte Sportler.

Ein Unternehmen macht Gewinne durch Mitarbeiter und Kunden, die nicht in der Öffentlichkeit stehen. Manche Unternehmer werfen einen Großteil bekannten Sportlern hinterher. Diese verdienen größtenteils selbst Millionen und bekommen noch mehr, nur damit sie mit vielen Firmennamen durch die Gegend laufen. Dagegen müssen viele Mitarbeiter länger und für weniger Geld schuften!

Dagegen gibt es bis heute noch keine Möglichkeit, dass Gelder für zusätzliche Arbeitsplätze und zur Erhöhung der Kaufkraft gespendet werden können.

LERNEN – UMDENKEN – MITDENKEN!

Viele Länder haben das gleiche Problem:

- **Arbeitslosigkeit**
- **Geringe Kaufkraft**
- **Schlechte Wirtschaft und Schulden!**

Bis heute wurde nichts zur Finanzierung gegen diese Probleme gegründet?

Wenn mein Vorschlag umgesetzt und richtig und seriös genutzt wird, dann könnten alle Millionen Menschen in einem Land bei der Reduzierung dieser Probleme mithelfen - egal ob sie es wollen oder nicht. Logisch ist, dass jeder Mensch sein Leben lang die benötigten Produkte kauft und Dienstleistungen nutzt. Wenn Millionen Menschen in einem Land zusätzliche Arbeitsplätze und eine höhere Kaufkraft fordern, dann wird es Zeit, dass auch verschiedene Möglichkeiten, ohne zusätzliche Nebenverdienste, Preis, Steuer- oder Abgabenerhöhungen, die eine Marktwirtschaft bietet, „richtig" und „seriös" angeboten werden. Bis heute gibt es leider keine seriösen Angebote.

Viele Probleme werden durch Menschen verursacht!

Ich schreibe in diesem Buch ständig von „geeigneten" Personen, Unternehmer, Fachexperten, Mitarbeiter, etc.! Deshalb werde ich jetzt an einigen Beispielen zeigen, wie einfach Menschen andere Menschen oder sich „selber", in finanzielle, soziale und wirtschaftliche Probleme stürzen und darum nicht jeder „geeignet" ist.

In den letzten 15 Jahren gab es genügend Beispiele in den Medien über Verbrecher und Opfer in allen Bevölkerungsschichten. Dabei ist es vollkommen egal, ob diese Menschen in der Politik, Wirtschaft, Medien, Justiz, Banken, Polizei, Vereinen, Gesundheitswesen, Sport, etc. tätig sind! Das bedeutet für mich, dass es in einem Land immer „Verbrecher" und „Opfer" geben wird!

Menschen die Macht- und Geldgierig sind, falsche Versprechungen machen, Lügen und Betrügen, sinnlos über Probleme reden oder diskutieren sind „ungeeignet".

Deshalb kann man viele Probleme auch in Zukunft nicht beseitigen, sondern nur reduzieren.

Genauso gibt es überall in einem Land Millionen „geeignete" Menschen, die „ehrlich" arbeiten! Diese Menschen wären bereit mitzuhelfen, Probleme in einem Land zu reduzieren, wenn die Möglichkeiten die eine Marktwirtschaft bietet, richtig und seriös angeboten und genutzt werden können! Dafür müssen nur alle gemeinsam

LERNEN – UMDENKEN – MITDENKEN!

Heute versuchen immer mehr „unfähige“ Unternehmer ihre Mitarbeiter zu erpressen nach dem Motto:

- Mehr arbeiten für weniger GELD oder wir produzieren in den „Billiglohnländern“!

Es vergeht auch kaum ein Monat wo nicht über Firmenpleiten berichtet wird! Genauso gibt es Unternehmen die Milliarden Gewinne machen und trotzdem einige Mitarbeiter entlassen wollen!

Ich kenne keinen einzigen Politiker, keinen Unternehmer oder Fachexperten, der bis heute ein „seriöses Konzept“ zur Förderung der Wirtschaft vorgebracht hat.

Der ehemalige Bundespräsident Roman Herzog hatte bereits 1997 eine grundlegende Bildungsreform gefordert:

Durch Deutschland muss ein Ruck gehen!

Herzog hatte damals aufgerufen, das deutsche Bildungssystem gründlich zu entrümpeln, zu straffen und für die Zukunft fit zu machen. Das Bildungswesen muss WERTORIENTIERT sein, PRAXIS bezogen, INTERNATIONAL und VIELGESTALTIG, es müsse WETTBEWERB zulassen und KEINE ZEIT vergeuden!

Bei dieser Massenveranstaltung bekam er dafür riesigen Beifall, weil er „recht“ hatte und „super“ reden kann, aber „selbst“ in dieser Verbrecherwirtschaft nichts ändern konnte. Er machte auch keine Vorschläge, wie man die Kaufkraft erhöhen und zusätzlich Arbeitsplätze schaffen könnte! Bis heute 2005 hat sich nichts geändert oder verbessert, sondern verschlechtert!

Einige Beispiele, wie Probleme verursacht werden!

Seit ca. 1992 betreibe ich als „Freizeitbeschäftigung“ Marktforschung, wie und warum, welche Menschen in Deutschland finanzielle, soziale und wirtschaftliche Probleme, wie z.B. Firmenpleiten, Arbeitslosigkeit und steigende Kriminalität verursachen und welche Möglichkeiten es gibt, diese Probleme zu reduzieren. Durch diese theoretischen und praktischen Erfahrungen, die ich in den vielen Jahren gesammelt habe, kann ich heute behaupten und nachweisen, dass in Deutschland keine Marktwirtschaft, sondern eine Verbrecherwirtschaft gefördert wird! Meine „persönliche Meinung“ besteht darin, dass in Deutschland ein Wettbewerb zur Förderung und nicht zur Reduzierung dieser Probleme stattfindet.

Wenn man jedes Jahr die Schlagzeilen in den Medien verfolgt, dann findet man genügend Beispiele dafür:

- Bundeshaushalt hat Milliarden Schulden- Löcher!
- Über die Verschwendung von Milliarden Steuergelder!
- EU - Deutschland zahlt das doppelte, wie alle anderen Staaten zusammen!
- Millionen Arbeitslose!
- Arbeitslosigkeit kostet jedes Jahr Milliarden Euro!
- Die Steuern, Ausgaben werden von Jahr zu Jahr höher!
- Millionen Haushalte verschuldet!
- Millionen wohnen zur Miete, ständige Mietsteigerungen!
- Über falsche Versprechungen, Lügen und Betrug!
- Jedes Jahr, tausende Firmenpleiten oder Entlassungen!
- Das Verbrechen explodiert in Deutschland!
- Skandalurteile an deutschen Gerichten!
- usw., usw., usw.!

Haben SIE noch einen Arbeitsplatz?

Wir haben in Deutschland noch Millionen Arbeitsplätze, wo Produkte hergestellt werden. Laufend lese ich in Fernsehzeitschriften, etc., wie man „mithelfen“ kann, diese zu vernichten. Wir brauchen nur die „klugen Spartipps“ von „Fachexperten“ zu nutzen z. B. kaufen Sie gebrauchte Autos, Möbel, Fernseher, Elektrogeräte, etc.! Deshalb wundern Sie sich nicht, falls ihre Firma Pleite geht oder Sie entlassen werden, denn dann haben die Millionen Menschen mit geringem Taschengeld (und die werden immer mehr) die „klugen Spartipps“ genutzt! Die Frage ist nur: Wie sollen die Unternehmer, die an der Herstellung von Produkten beteiligt sind, ihre Mitarbeiter bezahlen, wenn keine oder weniger Gewinne durch den Vertrieb/Verkauf der Produkte erzielt werden? Die logische Antwort, konnte ich danach in einem Artikel lesen!

Hilfeschrei - Einzelhandel fordert Steuerreform!

Zitat! Die Stimmung im Handel ist mehr als mies. Statt erwarteter Umsätze verbucht die Branche in letzter Zeit immer mehr Läden mit heruntergelassenen Rollos und der Aufschrift „Geschlossen“. Über 30.000 Mitarbeiter verloren in den letzten 5 Jahren bereits ihren Arbeitsplatz. Logisch, wir können nur so viel Geld ausgeben, wie wir besitzen. Knapp ist es besonders bei den 4,3 Millionen Arbeitslosen. Aber auch die noch einen Arbeitsplatz besitzen, sind gezwungen, sparsamer zu leben. Dafür sorgt der Fiskus, der ihnen in Form von Abgaben und Steuern die „Märker“ (Geld) aus der Tasche zieht. Will der Handel zu mehr Umsatz kommen, muss die Kaufkraft der Bürger gestärkt werden.

Gute Vorschläge haben keine Chance!

Es gibt z.B. im Fernsehen viele Gesprächsrunden mit Fachexperten wo es um Arbeits- und Ausbildungsplätze, Kriminalität, Politik, Wirtschaft, etc. geht.

Wenn jemand einen guten Vorschlag zur Lösung von Problemen macht, dann gibt es garantiert Personen, die gegen diesen Vorschlag sind oder nur sinnlos darüber diskutieren und zum Schluss der Sendung immer zu dem gleichen Resultat kommen: „Eine Lösung konnte leider nicht gefunden werden"!

Bis heute haben die ganzen Talkshows mit Fachexperten nichts verändert oder verbessert.

Bundestagsdebatten?

Wer sich die Berichte von den Bundestagsdebatten anschaut, müsste eigentlich begriffen haben, dass „Politiker" niemals den Unternehmern, Mitarbeitern und Kunden eine sichere Zukunft bieten können, egal welche Partei an der „Macht" ist oder wäre! Deshalb können Politiker nur Steuergelder verschwenden, Steuern für Unternehmer und Mitarbeiter erhöhen oder neue erfinden, mehr nicht.

Solange es in Deutschland Millionen Menschen gibt, die arbeiten gehen, abgezockt und viele sogar weniger verdienen als „einige" Arbeitslose, Sozialhilfeempfänger und Asylbewerber und Milliarden Steuergelder verschwendet werden sind für mich die Politiker „unfähig"!

Talkshows im Fernsehen?

Bei vielen Talkshows werden die Menschen gegeneinander aufgehetzt, einige sind bereits in „Psychiatrischer" Behandlung. Will das Fernsehen damit Arbeitsplätze schaffen? Bei allen sinnlosen Diskussionen wird richtig gezeigt, wie „doof" einige Menschen sind und wie einfach durch die Medien viele soziale Probleme verursacht werden, wenn der „Verstand" nicht benutzt wird. Wenn das Fernsehen nur benutzt werden darf, um zusätzlich Probleme zu verursachen, dann hat das nichts mit Medienfreiheit zu tun.

Fernsehwerbung zur Steigerung der Kriminalität und SEX - ODER???

Wenn ich die „Werbung" in den Medien verfolge, über „Geld" verdienen durch Drogenhandel, Waffenschmuggel, Autodiebstahl, Automaten aufbrechen, Geldfälschung, etc. und bei manchen Angeboten gaben von der „Polizei gesuchte Verbrecher" sogar eine Vorführung, wie einfach das ist, dann brauche ich mich über die Kriminalität in Deutschland nicht wundern. Sogar eine Vorführung, wie man „Lebensmittel vergiftet" wurde gezeigt. Später wurde berichtet, dass die Zahl der „Erpressungen" von Lebensmittelkonzernen zugenommen hat. Während ich dieses Manuskript schreibe wurde am 18.11.05 im Fernsehen eine Vorführung für Millionen Menschen gegeben, wie man ganz einfach „ohne Geld" durch „Ladendiebstahl" einkaufen kann. Dadurch werden logischerweise vor Weihnachten die Ladendiebstähle zu nehmen.

Von unseren Steuergeldern wurden „moderne Erholungsstätten“ (z.B. Luxusknast Weiterstadt 400 Mill. DM) gebaut, falls jemand erwischt wird.

Genauso wird ständig eine intensive Werbung betrieben, wie man „viel Geld verdienen“ kann, mit Sex z. B. Striptease, Pornofilme, Zuhälter, Prostitution oder durch die ständige lästige Werbung für Telefonsex, etc., allen Beteiligten macht es laut Fernsehberichten viel Spaß!

EU - und die „DUMMEN“ Deutschen?

Ständig berichten die Medien wie durch die EU, Millionen Euro verschwendet werden und EU - Abgeordnete höhere Gehälter fordern. Nicht die Politiker, sondern Unternehmer und Mitarbeiter aus Deutschland müssen die EU bezahlen und werden kräftig abgezockt, denn Deutschland zahlt „mehr“ als alle anderen Länder zusammen. Da ist es doch logisch, wenn die anderen Länder eine „dumme Kuh zum Melken“ gefunden haben und gegen die Reduzierung der Einzahlungen von Deutschland sind! Solange wie Politiker von Steuergeldern genügend verdienen, Millionen Steuergelder sinnlos verschwenden dürfen, sowie falsche Versprechungen von Steuersenkungen machen und in Wahrheit neue Steuererhöhungen und Abgaben festlegen, solange wird von unserem Nettoeinkommen im Monat nicht mehr viel übrigbleiben, sondern es wird immer weniger. Die Opfer sind Unternehmer, Mitarbeiter und Kunden, denn die Kaufkraft wird immer weniger und das normale „Sparen“ für Produkte dauert viel zu lange oder die Belastung ist zu hoch.

Warum zahlen Millionen Menschen Miete?

Millionen Menschen wohnen zur Miete und Bauunternehmen gehen Pleite, obwohl seit mehr als 50 Jahren Banken, Bausparkassen und alle Finanzbranchen den Traum vom „eigenen“ Haus oder Eigentumswohnung versprechen? Zahlen diese Menschen gern Miete, obwohl es die höchste Belastung vom Nettoeinkommen ist oder werden dafür Kunden durch falsche Versprechungen erst angelockt und dann abgezockt?

Da ich zu diesem Problem „selber“ Marktforschung betrieben habe, kann ich heute behaupten, Millionen Menschen werden niemals Wohneigentum erreichen, sondern nur „verarscht“ und „abgezockt“. Unter den verschiedenen Finanzbranchen findet jedes Jahr durch die Medien und Mitarbeiter, kein „seriöser“ Wettbewerb statt, sondern Geschäftsschädigung. Die Opfer sind jedes Jahr Mitarbeiter und Millionen Kunden.

Der Traum vom Millionär?

Sind Sie durch die Klassenlotterie oder Lotto schon „Millionär“ geworden? Es gibt Millionen Menschen, die glauben durch nichts tun „Millionär“ werden zu können. Warum sind hier bei der Kundengewinnung alle falschen Versprechungen vom „Millionär“ erlaubt, obwohl es jedes Jahr Millionen Verlierer gibt. Werden hier die Kunden erst angelockt und dann abgezockt?

Logisch, wenn die Gewinnchancen so hoch wären, wie die Gewinnversprechungen, dann würde nach über 50 Jahren, die „Mund zu Mund“ Werbung funktionieren!

Warum haben einige Unternehmer, Juristen, Polizeibeamte, Prominente, etc., damals über 5000,- DM in das „Pyramidenspiel“ mit den Namen „Titan“ bezahlt? Heute gibt es sogar Idioten, die zahlen 5000 Euro für solche Gewinnspiele. Warum werden Menschen, die „schnell Reich“ oder „Millionär“ werden wollen immer wieder durch solche Gewinnspiele angelockt und abgezockt, obwohl jedem bekannt ist, dass bei so einem hohen Einsatz das Risiko groß und der Markt dafür gering ist? Warum benutzen diese Menschen nicht „ihren Verstand“, bevor sie Geld ausgeben? Das Motiv: Ohne Verstand schnell reich oder Millionär werden!

Hoher Einsatz (z.B. 5000 Euro) bedeutet ein kleiner Markt und somit ein großes Risiko für alle Teilnehmer.

Kleiner Einsatz (z.B. 50 Euro) bedeutet ein großer Markt und somit ein kleines Risiko für alle Teilnehmer.

Verlockende Nebenverdienst Angebote?

Warum suchen Unternehmer bzw. Anbieter von Produkten und Dienstleistungen immer wieder Vertriebs- bzw. Verkaufsprofis? Jeder kennt in den Anzeigen die „verlockenden“ Angebote vom „schnellen großen Geld verdienen“! Werden auch hier bei allen Angeboten Menschen durch falsche Versprechungen erst angelockt und dann abgezockt? Es ist vollkommen normal, wenn jedes Jahr Menschen durch die verschiedenen Angebote und ein schlechtes Bildungswesen zu „Opfern“ gemacht werden. Niemand lernt in einer Schule die Möglichkeiten und Unterschiede für den Vertrieb und die Verteilung des Geldes von Produkten und Dienstleistungen kennen. Deshalb gibt es logischerweise „seriöse und unseriöse“ Angebote.

Kennen Sie als Kunde die Unterschiede?

Einzelhandel
Versandhandel
Direktvertrieb
Network Marketing
Strukturvertrieb
Multi-Level-Marketing
Schneeballsystem

Bis heute gibt es zwar viele verschiedene Angebote, aber für Millionen Kunden keine Informationen darüber. Dadurch ist es normal, wenn die Unternehmer, Mitarbeiter und Kunden sich gegenseitig bekämpfen und ständig Gerüchte verbreitet werden.

Unternehmen locken Kunden in die Schuldenfalle?

Ständig werden Menschen durch „günstige Kredite und Finanzierungen" oder „heute kaufen und in sechs Monaten bezahlen" angelockt. Wissen Sie, dass dadurch viele in die Schulden getrieben wurden? Heute werden viele Jugendliche durch die Handys ebenfalls in die Schulden getrieben. Bereits 1998 konnte ich in einer Zeitung lesen: Schuldnerberatung ist hoffnungslos überlastet. 9 Monate warten auf Hilfe, in einer Stadt mit 60.000 Einwohnern. Politiker, Behörden, Unternehmer und Medien sorgen für Arbeitsplätze der Zukunft: Schuldnerberater und Gerichtsvollzieher!

Schade um die Millionen?

Warum verschwenden jedes Jahr Unternehmen Millionen Gelder für teure Fernsehwerbung, große Anzeigen und schöne bunte Prospekte, Kataloge, etc., die nur als Müll entsorgt werden können? Vorteil für Unternehmer: Diese Gelder können steuerlich abgesetzt werden! Jedem Unternehmer ist bekannt, dass unser Taschengeld immer weniger und dadurch die Kaufkraft immer geringer wird!

Existenzgründer sollen Arbeitsplätze schaffen?

Man muss sich mal folgenden Schwachsinn vorstellen. Es gibt immer wieder Politiker die fordern Existenzgründer sollen Arbeitsplätze schaffen und die Verbraucherzentralen geben in den Medien folgenden Ratschlag:

Vorsicht vor neuen Unternehmen! Ein Unternehmen sollte mindestens zwei Jahre auf dem Markt sein!

Wie soll das funktionieren? Es gibt sowieso geringe Chancen und Möglichkeiten neue Unternehmen zu gründen. Jedes Jahr gehen tausende Firmen Pleite.

Fast jeder hat schon einmal Lehrgeld bezahlt?

Millionen Menschen haben bereits Angebote ausprobiert, egal ob es dabei um Vertriebsarten oder Gewinnspiele ging. Aber wer ist davon „Reich“ oder „Millionär“ geworden oder Besitzt jetzt ein Haus bzw. eine Eigentumswohnung? Jeder der keine Ahnung von der „angeblichen Marktwirtschaft hat oder haben will, macht Fehler oder es wird ihm nur das Geld aus der Tasche gezogen, unabhängig vom Bildungsstand und Beruf!

Vernichtung von Arbeitsplätzen in Ostdeutschland?

In Ostdeutschland wurden nach der Wende fasst alle produzierenden Großunternehmen mit Millionen Menschen von Beschäftigten aus Konkurrenzgründen durch die „Treuhand“ vernichtet! Die logische Folge daraus sind Millionen Arbeitslose, die bezahlt werden müssen, aber keinen wirtschaftlichen Nutzen für Deutschland bringen können! Man kann die Probleme NIEMALS im OSTEN reduzieren, solange Milliarden jedes Jahr nur für Arbeitslose und Sozialhilfeempfänger benötigt werden. Diese Firmen können in Zukunft niemals ersetzt werden. Die kleinen und mittelständigen Firmen in Ostdeutschland können niemals diese Arbeitslosen beschäftigen, die dadurch verursacht wurden!

Wenn Sie heute nach über 15 Jahren nach Ostdeutschland fahren würden, dann werden Sie feststellen, dass viele Straßen, Städte und Gemeinden modernisiert wurden. Überall wurden viele **Kaufhäuser, Läden und Geschäfte** gebaut! Damit kann man jedoch keine Arbeitsplätze schaffen, wenn die Produkte dafür im Westen hergestellt werden! Es werden neue Alternativen benötigt!

Stellen Sie sich doch einmal folgendes vor:

Wenn man vor 15 Jahren in Westdeutschland alle herstellenden Großunternehmen geschlossen hätte, dann hätten wir heute das gleiche Problem wie im Osten.

Wer sind die Gewinner der „Deutschen Einheit“?

Viele Westdeutsche Unternehmer haben durch die Ostdeutschen in 15 Jahren große Gewinne erzielt.

Beispiel: Auto

Früher gab es im Osten nur Wartburg, Trabant, Moskwitsch, Skoda, etc., und ganz wenig „WESTAUTOS“ (P.S. so wurden in der DDR die Autos aus dem Westen bezeichnet)! Heute fahren im Osten fasst alle ein „WESTAUTO“ und ganz selten noch jemand „Wartburg oder Trabant“! Das bedeutet: Die Unternehmer aus dem WESTEN haben dadurch Millionen Gewinne erzielt und die Mitarbeiter, die an der Herstellung im WESTEN arbeiten, hatten ihre Arbeitsplätze! Heute nach 15 Jahren ist der Markt für Autos im Osten geringer geworden und die Kaufkraft ebenso!

Dieses Beispiel gilt auch für viele andere Produkte!

Deshalb „jammern" heute viele Unternehmer über weniger Verkauf und überlegen, ob sie die Herstellung in „Billiglohnländer" verlegen! Meine „persönliche Meinung" ist logischerweise, dass diese Lösung absolut falsch und eine Ausbeutung für diese Länder bedeutet! Bis heute werden in Ostdeutschland immer noch nicht die gleichen Löhne bezahlt wie in Westdeutschland. Millionen Menschen in Ost und West beschäftigen sich nicht mit den Ursachen oder haben Angst vor der Wahrheit, deshalb ist es für mich ganz normal, wenn darüber nur sinnlos diskutiert wird. Machtgierige Politiker nutzen diese Menschen für falsche Wahlversprechungen aus.

Ende der Auszüge von meinem Buch von 2005!

Anmerkungen zu diesen Original-Auszügen aus meinem Buch von 2005!

Jetzt können Sie sich einmal Gedanken darüber machen, ob von 2005 bis 2020 soziale und wirtschaftliche Probleme in Deutschland oder anderen Ländern reduziert wurden?

In diesen Auszügen habe ich meine Erfahrungen von 1990 bis 2005 aufgeschrieben. Wenn Sie diese gelesen haben, dann können Sie die Jahre von 2005 bis 2020 vergleichen und gleichzeitig heute die Medien durch TV und Zeitschriften verfolgen über was berichtet wird. Ich bin mir sicher, wenn Sie heute genauso wie ich es damals gemacht habe und anfangen, Zeitungsberichte zu sammeln, wie und wer in Deutschland soziale und wirtschaftliche Probleme verursacht, dann können Sie in den nächsten 15 Jahren das gleiche in einem Buch selber veröffentlichen!

2005 hatte ich in diesem Buch bereits über einen Vorschlag zur Erhöhung der Kaufkraft geschrieben, denn man hätte auch umsetzen können. Dieser hat aber mit diesem Ratgeber gar nichts zu tun. Das bedeutet, ich hatte mir damals in dieser Richtung schon Gedanken gemacht, wie man vielleicht Probleme reduzieren könnte. Als der Buch-Verlag Insolvenz war, hatte ich bis September 2017 aufgeben daran zu denken, weil man in Deutschland durch die Kommunikationsprobleme, so wie so nichts als unbekannter mit Fachexperten ändern könnte. Ich hatte Recht.

Die „Deutsche Einheit" wurde erreicht, weil eine Generation herangewachsen war, wo Millionen Menschen die „Schnauze voll hatten" wegen ein paar Machtgierigen „Idioten" eingesperrt zu leben! Das allerwichtigste aber war, der „Michael Gorbatschow" hat KEINEN Befehl gegeben, dass diese „friedliche Revolution" durch Militäreinsatz nieder geschlagen wird. Wäre ein Politiker OHNE Verstand in Russland an der Macht gewesen, hätte es viele Tote gegeben. Ich hatte damals zufällig einen Artikel von Gorbatschow gelesen, der begriffen hatte, dass die Wirtschaft in einem Land funktionieren muss, damit soziale und wirtschaftliche Probleme reduziert werden können. Welche Generation muss heranwachsen, um diesen Ratgeber zu begreifen für eine bessere Zukunft? Das liegt an Euch!

P.S. Ich „Dieter der coole Rentner“ hätte NIEMALS diesen Ratgeber geschrieben, wenn ich darin nur über die sozialen und wirtschaftlichen Probleme schreiben würde, OHNE einen Vorschlag zur Reduzierung dieser Probleme zu haben, der Umsetzbar wäre,

WENN SIE ES WOLLEN!

Ich habe noch 3 Beispiele vom Februar 2020 über die berichtet wird während ich diesen Ratgeber schreibe, dass sich in den letzten 30 Jahren nichts geändert hat:

- Eine Doku-Reihe im TV „Armes Deutschland-Stempeln oder abrackern?“, gesendet am 4.02.2020! „Mehr als 12 Millionen Menschen in Deutschland sind von Armut bedroht, etwa vier Millionen Leistungsberechtigte erhalten Hartz IV. Während einige hart arbeiten und jeden Cent zweimal umdrehen müssen, leben andere lieber auf Staatskosten.“

P.S. Das gleich habe ich bereits in meinem Buch von 2005 geschrieben – SUPER!

- In einer Zeitung vom 14.02.2020 von Sachsen! „Jeder 12 Erwachsene ist überschuldet“!

P.S. Das gleiche konnte man in den Medien lesen von 1990 – 2005 – SUPER!!

- Wahlen in Thüringen! Als ich die Berichte von Politikern im TV gesehen habe, konnte ich wieder meine Bestätigung erhalten, dass es in Deutschland seit 30 Jahren immer noch keine Demokratie gibt und es noch genauso ist, wie in der ehemaligen DDR und deshalb ich auch nicht zur Wahl gegangen bin.

Man muss sich das mal in Ruhe vorstellen! Die Bürger eines Landes sollen bzw. werden aufgerufen, wenn Wahlen sind, zur Wahl zu gehen. Jetzt gehen Millionen Menschen, die an die Demokratie im Land glauben zur Wahl. Aber was passiert danach? Es beginnt ein Machtkampf und die Hetze, von „unseriösen Politikern und Kommentatoren“ im TV und anderen Medien, gegen Wähler und Parteien, die MENSCHEN in einer angeblichen Demokratie gewählt haben!

Millionen Wähler müssen erleben, wie die Demokratie durch einige Politiker im TV einfach abgeschafft wird. Beispiel: Da gab es Millionen Wähler die sich getraut haben die AFD zu wählen und schon werden diese Wähler in einen Topf geworfen und „ALLE“ als „rechtsradikale und Nazis“ beschimpft! Seit der Bundestagswahl verfolge ich die Medien. Das bedeutet, es gibt Politiker die im TV – Hetze gegen die AFD betreiben dürfen und dadurch Wähler aufhetzen. Dadurch werden wieder Ursachen ausgelöst, wo einige dadurch sogar Straftaten begehen, damit man diese der AFD in die Schuhe schieben kann. Genau das ist passiert. Ich konnte es am 20.02.20 und heute am 21.02.20 in den Nachrichten sehen. Wir haben eine Demokratie genauso wie zu DDR-Zeiten! Das ist der Beweis, solange Menschen der Gruppe 2 Schaden anrichten, wird sich in Deutschland nichts verbessern!

Man muss sich das mal vorstellen, es wird gesagt ein „geistig Verwirrter Sportschütze“ (P.S. war den Behörden bekannt) hat Menschen umgebracht. Er hatte aber laut TV – Berichte nichts mit der AFD zu tun. Aber die Parteien und Nachrichtensprecher haben einen Sündenbock gefunden, nicht die Behörden sind schuld daran, die versagt haben, NEIN da gibt es doch die AFD, denen wir die Schuld anhängen können. Schon beginnt wieder die Hetze gegen die AFD. Wer Geschichte in der Schule gehabt hat, weiß wie einfach durch Machtgierige Politiker in Parteien solche Konflikte ausgelöst werden können, wenn Sie Angst haben Ihre Macht zu verlieren. P.S. Jeder Mensch, der im TV Hetze betreiben darf gegen andere Menschen egal ob und welcher Partei und Religion ist schuldig, wenn dadurch Straftaten durch Menschen begangen werden, egal ob diese einer Partei oder Religion angehören oder nicht!

Sie haben in diesem Ratgeber Beispiele lesen können, was solche Idioten für Schaden anrichten können. Entschuldigen Sie diesen Ausdruck, aber wer öffentlich im TV sinnlose Äußerungen macht und gegen andere Parteien hetzt, muss erst mal Lernen was man unter Demokratie versteht, bevor er Schaden anrichtet. Hier werden mit Absicht Menschen provoziert um Schaden anzurichten. Danach wird die Schuld auf andere geschoben. Ich bin jedenfalls froh, dass ich nicht zur Wahl gegangen bin.

Man muss sich das mal vorstellen, dann wäre ich jetzt ein „rechtsradikaler und ein Nazi – Unvorstellbar“! Man ruft Menschen im Land auf, die sollen zur Wahl gehen und dann geht es um die Macht und nicht mehr um die Menschen im Land.

Was es doch für „Idioten“ in unserem Land gibt, die glauben das alle, die die AFD gewählt haben rechtradikale oder Nazis sind und so etwas im TV noch verbreiten dürfen ohne zu begreifen, was dadurch für Schaden angerichtet wird. Logisch, dass es Menschen gibt, die das glauben was da verbreitet wird und deshalb andere provozieren oder sogar selber Straftaten begehen.

P.S. An alle Politiker und Kommentatoren im TV und anderen Medien, hört auf wegen Machtkämpfe Hetze gegen Wähler und andere Parteien durch die Medien zu betreiben, die bereits Tote verursacht haben, für die Ihr Schuldig seid und nicht andere. Ihr provoziert Menschen durch Eure Hetze, die dadurch Straftaten begehen, damit Ihr es auf andere schieben könnt! Ihr habt 30 Jahre genauso versagt, wie die Parteien und Kommentatoren in der ehemaligen DDR. Ich gehöre keiner Partei an und keiner Religion! Die Begründung dafür ist ganz einfach, ich gehöre in Deutschland zur Gruppe A! Meine persönliche Meinung:

“KEIN Mensch wird zum Verbrecher geboren”!

Deshalb bin ich mir sicher, dass die Gruppe A in Deutschland es schwer haben wird, wenn Sie versuchen sollten eine Gemeinschaft zu bilden, die nichts mit Politik, sondern mit der Wirtschaft im Land zu tun hat. Es gibt Politiker in vielen Ländern, die von Steuergeldern verdienen und angeblich durch eine Demokratie gewählt wurden. Das bedeutet, es gibt Politiker die dadurch die Macht über Waffen und das Militär besitzen. Normal wäre es, wenn diese nur zum Schutz des Landes eingesetzt werden dürften, wenn die Menschen im Land bedroht werden. Die Wahrheit sieht aber ganz anders aus, wenn ich jeden Tag mir die Nachrichten anschaue.

Niemand muss studiert haben um folgendes zu begreifen:

- Machtgierige Politiker, die keine Ahnung von der Wirtschaft haben, obwohl diese von Steuergeldern verdienen, vernichten die Wirtschaft in anderen Ländern oder sogar im eigenen Land. Es gibt genügend Beispiele im TV.
- Politiker sorgen für Waffenlieferungen in andere Länder, damit Kriege geführt werden können. Diese sind Schuld für die jahrelange anhaltende Flüchtlingskriese, die dadurch ausgelöst wurde. Die Wirtschaft in diesen Ländern wird vernichtet! Wer das nicht begreift, gehört zur Gruppe B.
- Machtgierige Politiker sind bis heute, durch Befehle für Militäreinsätze in anderen Ländern für Millionen Tote verantwortlich. Die Folgen sind Flüchtlings-, Finanz- und Wirtschaftskrisen. Das sind Menschen die zur Gruppe B gehören.
- Machtgierige Politiker, sorgen für Unruhen im eigenen Land, welche das sind, kann jeder selber durch Berichte im TV sehen.
- Leider gibt es in jedem Land auch Menschen, die solchen Politikern zu Jubeln! Das war auch in der DDR so gewesen, was ich leider NIE verstanden habe. Zum Beispiel der 40. Jahrestag der DDR. Für mich war es unbegreiflich, wie Menschen in Berlin, die in einem Land eingesperrt wurden, dem „Erich Honecker" zu jubeln konnten!

Logisch wenn Fachexperten, Unternehmer, Mitarbeiter und Kunden es in einem Land schaffen würden sich gegenseitig zu helfen. Jeden Tag von 7 Uhr bis 22 Uhr und jede Minute von Montag bis Samstag, jedes Jahr 12 Monate lang, wo jeder sehen kann, was man unter Demokratie versteht und wie gemeinsam soziale und wirtschaftliche Probleme reduziert werden könnten, dass es Menschen geben wird, die versuchen werden das zu verhindern!

Man bekommt LP, davon behält man LP „selber" und „SPENDET" automatisch und „anonym" LP an andere LP-Kunden und das könnte jeden Tag passieren!

Es wäre eine „Motivation" zum LP sammeln!

5. **NIEMAND weiß, mit wem seine LP in Deutschland geteilt werden oder welchen Beruf er ausübt oder Nationalität er angehört!!!**
6. **NIEMAND weiß, von wem er LP bekommt!!!**
7. **NIEMAND weiß, wie viel und welche Produkte von Kunden gekauft oder welche Dienstleistungen genutzt wurden und wie viel LP es dafür für die Verteilung gegeben hat!!!**
8. **Aber jeder wäre bereit „anonym" LP zu SPENDEN um anderen zu helfen!**

Jeden Tag könnte es viele Durchgänge und somit viele LP-MILLIONÄRE geben!!! P.S. Das verstehe ich unter Demokratie für alle Menschen, die in einem Land leben und verstanden haben, die Wirtschaft ist das Herz eines Staates! JEDER der Arbeiten geht, soll auch gut leben können. Wer damit ein Problem hat, egal aus welchen Gründen, wäre dafür nicht geeignet.

„Dieter der coole Rentner“

Veröffentlicht seine Geschäftsidee für eine bessere Zukunft

„KUNDEN helfen KUNDEN beim PUNKTE sammeln“

durch

Löwen-Punkte (LP)

Voraussetzung für alle:

Unternehmer, Mitarbeiter und Kunden
sind bereit zum
Lernen-Umdenken-Mitdenken
den
ALLEIN ist JEDER ein NIEMAND

Thema:

Fragen & Antworten

Die Wirtschaft ist das Herz eines Staates!

Fragen & Antworten zur Geschäftsidee:

„KUNDEN helfen KUNDEN beim PUNKTE sammeln“

durch

Löwen-Punkte (LP)

Frage: Was bedeutet „Ratgeber für eine bessere Zukunft“?

Antwort: Lernen-Umdenken-Mitdenken, denn ALLEIN ist JEDER ein NIEMAND!

1. An Beispielen wird gezeigt, warum und welche Menschen in einem Land, Firmenpleiten, Arbeitslosigkeit und soziale und wirtschaftliche Probleme seit 30 Jahren verursachen. Das sind Menschen im Land, die zur Gruppe B gehören.
2. Ein Vorschlag wie jeden Tag Millionen Menschen die berufstätig sind, sich gegenseitig völlig „anonym“ helfen könnten, um in Zukunft Arbeitsplätze zu sichern und soziale und wirtschaftliche Probleme zu reduzieren, WENN SIE ES WOLLEN! Für Menschen in einem Land, die zur Gruppe A gehören. OHNE Millionen Menschen aus verschiedenen Ländern, könnten viele Produkte, nicht hergestellt oder Dienstleistungen nicht angeboten werden! Es gebe kaum Unternehmer und somit kaum Arbeitsplätze.

Frage: Wer gehört zur Gruppe A?

Antwort: Es gibt Millionen Menschen im Land die anderen helfen, egal ob im Beruf, Freizeit, als Politiker, Unternehmer, Mitarbeiter, Kunde, usw.! Für alle diese Menschen ist auch meine Geschäftsidee, als zusätzliche Belohnung gedacht. Das bedeutet, eine „SPENDEN-AKTION“ durch LP sammeln, wo diese Menschen in Zukunft sich in einer großen Gemeinschaft gegenseitig helfen könnten!

Frage: Wer gehört zur Gruppe B?

Antwort: Ganz einfach, dazu gehören alle Personen die anderen, egal aus welchen Gründen anderen Menschen Schaden zufügen, ob im eigenen Land oder in anderen Ländern über die jeden Tag im TV und anderen Medien berichtet wird! Es vergeht kein Tag, wo nicht über Macht- und Geldgier, Mobbing, Hass und Hetze, Straftaten wegen Geld, sogar an Kinder begangen werden etc.!

Frage: Gibt es eine Gruppe C?

Antwort: JA, das sind die Personen denen alles egal ist. Egal aus welchen Gründen, aber niemanden einen Schaden zufügen.

Frage: Warum Ratgeber als Pseudonym „Dieter der coole Rentner“?

Antwort: Wenn ich die Geschäftsidee „Kunden helfen Kunden beim Punkte sammeln“, an der ich ganz allein gearbeitet habe, nicht als Ratgeber für eine bessere Zukunft veröffentlichen, sondern irgendwann mit ins Grab nehmen würde, dann wäre ich **„Dieter der böse Rentner“**! Jeder der diesen Ratgeber gelesen und verstanden hat, wird mir Recht geben. Da ich unbekannt bin, soll es auch so bleiben, deshalb auch mit Hut und Sonnenbrille. Es ist ein „Rat – Geber“, ob die Menschen von einem unbekannten lernen wollen, wie man die Zukunft verbessern könnte oder weiterhin nur auf die bekannten Meinungen ohne Vorschläge für eine bessere Zukunft von angeblichen Fachexperten hören, muss jeder selber entscheiden. Es geht um Eure Zukunft! Ich habe an einigen ein USB-Stick mit Videos über diese Geschäftsidee "Kunden helfen Kunden beim Punkte sammeln" per Post geschickt. Was dabei rauskommt, sehen Sie an dem Beispiel vom Prospekt von Netto, in dem über 30 Einzelaktionen mit Punkten vergeben wurden. Man hat zwar eine Idee von mir genutzt, aber persönlich reden wollte mit mir keiner! Ich schreibe Euch, wie durch meine persönlichen Erfahrungen diese Geschäftsidee entstanden ist. Ich kann nur noch beobachten, ob es in einem Land Menschen gibt, die eine bessere Zukunft wollen oder nicht! Ob und wer darüber nur sinnlos diskutiert, sinnlose Kommentare in den Medien verbreitet oder sogar versucht zu verhindern, dass sich Millionen Menschen in Zukunft gegenseitig helfen könnten.

Durch meine sehr guten Ausbildungen und Erfahrungen im Vertriebsmarketing, weiß ich, dass es Menschen geben könnte, die glauben damit das schnelle große Geld machen zu können. Als unbekannter wollte ich mich persönlich mit Fachexperten von (z.B.: Payback, DeutschlandCard, Auto-Herstellern, Studenten-Clubs, Medien, usw.) in Ruhe darüber unterhalten, keiner hat dafür Interesse gezeigt. Ich habe es versucht, damit keiner hinter hersagen kann, warum hast Du mit uns keine Verbindung aufgenommen, wir hätten helfen können! Das bedeutet, denen sind sichere Arbeitsplätze sowie die Reduzierung von sozialen und wirtschaftlichen Problemen in Deutschland egal! Jetzt ist es zu spät!

Frage: Warum die Bezeichnung Löwen-Punkte (LP)?

Antwort: Ich bin am 28.07.1953 geboren im Sternzeichen "LÖWE"! Deshalb ist mir die Idee gekommen für die Informationen den Namen Löwen-Punkte (LP) zu benutzen. Wer meine Geschäftsidee "Kunden helfen Kunden beim Punkte sammeln" so umsetzt und anbietet, wie ich es mir persönlich zum LP sammeln vorgestellt und in diesem Ratgeber beschrieben habe, darf diesen oder einen anderen Namen zum Punkte sammeln benutzen!

Frage: Wie lange gibt es noch den Lehrgang auf YouTube?

Antwort: Sobald ich gesundheitliche Probleme bekommen sollte, werde ich den kostenlosen Lehrgang mit Videos vom Juli + August 2019 auf YouTube unter "Dieter der coole Rentner" schließen und somit alle Videos löschen! Dann gibt es nur noch diesen Ratgeber. Mehr kann ich leider nicht tun.

Frage: Was bedeuten die Prospekte in der Hand?

Antwort: Woche für Woche werden Produkte die Millionen Menschen aus verschieden Ländern hergestellt haben in den Prospekten angeboten. Aus allen Prospekten könnte „symbolisch" ein Lottoschein mit bis zu 10, 50, 100 bis 500 LP – Einzelaktionen zur Auswahl angeboten werden. Es wird Zeit, dass in Zeiten des Klimaschutzes, auch für die Produktwerbung durch Prospekte neue Alternativen angeboten werden. Das bedeutet für mich, diese nicht abzuschaffen, sondern den Millionen Kunden im Land eine „spannende–soziale–wirtschaftliche-klimafreundliche Alternative" anzubieten, die es bis heute in der Geschichte noch nicht gegeben hat! Logisch, **NIEMAND** kann sich vorstellen, dass es jeden Tag im Land, viele LP-Millionäre geben könnte, die sich vielleicht sogar ein neues Auto kaufen oder sonstige größere Wünsche erfüllen könnten! Ohne meine beruflichen Erfahrungen und Marktforschungen in den 66 Jahren, wäre diese Idee von 2018-2019 NIE entstanden! Es liegt an den Menschen, ob Sie den Ratgeber für eine bessere Zukunft begreifen wollen oder nicht! **NIEMAND** kann mehr sagen, diese **Alternative** wäre nicht möglich!

Frage: Warum gründe ich selber keine Dienstleistung?

Antwort: Ich bin 66 Jahre und Rentner, bekomme 967,-- im Monat Rente und deshalb habe ich logischerweise auch keine Dienstleistung und werde auch niemals eine gründen! Deshalb kann jeder froh sein, dass ich mir noch die Mühe gemacht habe für Euch diesen Ratgeber zu schreiben und zu veröffentlichen. P.S. Die 2 Firmen (München und Leipzig) die eine Webseite für die automatische Verteilung von LP programmieren könnten, sagten unabhängig voneinander zu mir, „man kann heute alles Programmieren, es könnte aber Millionen kosten"! Deshalb entstand auch von mir ein Vorschlag für die Finanzierung! Steht alles in diesem Ratgeber.

Frage: Was bedeutet „Die Wirtschaft ist das Herz eines Staates"?

Antwort: Es kann sich heute niemand ein Land vorstellen, wo es keine Produkte und Dienstleistungen gibt. OHNE den Millionen Menschen aus verschiedenen Ländern, die für die Wirtschaft arbeiten, kann kein Staat existieren! Es gebe keine Produkte, keine Dienstleistungen, keine Politiker, etc.! P.S. Schauen Sie sich die Produkte in allen Prospekten an, die Millionen Menschen im Land herstellen und dann stellen Sie sich vor, Sie wären „Nackt" und „ALLEIN" auf einer einsamen Insel, wo es diese Angebote nicht geben würde! Ein Staat kann OHNE Steuereinahmen nicht existieren und jeder müsste eigentlich wissen, wer die bezahlt – ODER?

Frage: Was bedeutet "So etwas gibt es bis heute noch nicht"?

Antwort: 12 Monate lang suche ich mir aus 42 Seiten zum Beispiel von Kaufland aus ca. 500 Produkte aus, ob und welche ich benötige oder aus vielen anderen Prospekten. Bis heute, wird so eine einfache „Alternative" zum Punkte sammeln nicht angeboten, wo ich als Kunde selber mithelfen könnte Arbeitsplätze durch Erhöhung der Kaufkraft zu sichern.

Frage: Was bedeutet "Jeden Tag von 7 Uhr bis 22 Uhr und jede Minute"?

Antwort: Ich habe für diesen Ratgeber als Beispiel die Öffnungszeiten von Kaufland aus meinem Wohnort genommen, von 7 Uhr bis 22 Uhr und jede Minute werden in Deutschland an der Kasse von Kaufland Produkte = Einzelaktionen bezahlt, wo sich Millionen Kunden gegenseitig helfen könnten, wenn es bis 500 LP-Einzelaktionen zur Auswahl in den Prospekten geben würde. Der absolute Wahnsinn, wie viel Durchgänge es nur durch Kaufland schon geben könnte! P.S. Logisch, dass es in Deutschland viele verschiedene Öffnungszeiten gibt und im Internet sogar rund um die Uhr eingekauft werden kann!

Frage: Was bedeutet "Von Montag bis Samstag"?

Antwort: Kaufland hat in meinem Wohnort von Montag bis Samstag geöffnet! Genauso auch viele andere Geschäfte.

Frage: Was bedeutet "Viele LP – Millionäre"?

Antwort: Logisch, wenn aus allen Prospekten, die Woche für Woche verteilt werden und je nach Anbieter es bis 10, 50, 100 bis 500 LP-Einzelaktionen zur Auswahl geben würde, dann kann sich genauso wie ich niemand vorstellen, wie viel Durchgänge pro Tag erreicht werden, aber es viele LP-Millionäre geben würde wenn LP-Einzelaktionen ab 4 LP = 4 CENT angeboten werden!

Frage: Durch welche Erfahrungen, kommt man auf so eine Geschäftsidee „Kunden helfen Kunden beim Punkte sammeln"?

Antwort: Seit ich berufstätig bin (zu DDR-Zeiten und danach bis Dezember 2019) beschäftige ich mich mit der schlechten Wirtschaftspolitik, sowie der schlechten Kommunikation in allen Bereichen. Von 1990 – 1995 lernte ich durch Ausbildungen in Bayern einige Vertriebsarten kennen, die es schon seit vielen Jahren gab und wie diese funktionieren. Durch diese Ausbildungen konnte ich viele „positive und leider auch negative Erfahrungen sammeln. Deshalb habe ich die Berichte in den Medien verfolgt und einige Bücher aus Amerika über Vertriebsmarketing gelesen. Von 1995 – 2010 war ich als Leiharbeiter in über 12 verschiedenen Unternehmen in Bayern tätig. Von 2010 - 2018 Festeinstellung bei einem Auto - Zulieferunternehmen in Bayern. 15 Jahre theoretische und praktische Erfahrungen mit der Payback-Punktekarte. Wegen der vielen negativen Berichten im TV und sonstigen Medien, wie MENSCHEN in einem Land, soziale und wirtschaftliche Probleme verursachen, ist es für mich logisch, so lange wie ich noch lebe wird sich nichts ändern, sondern alles immer schlimmer werden! Deshalb können jetzt die Menschen entscheiden, ob Sie etwas ändern wollen oder nicht! Es gibt Millionen Menschen im Land, die sich gegenseitig helfen würden, wenn so eine Dienstleistung „richtig und seriös" umgesetzt und angeboten wird, wie ich es in diesem Ratgeber beschrieben habe!

Frage: Was bedeutet "Wäre so simpel und einfach wie Lotto spielen"?

Antwort: Beim Lotto spielen füllen Sie 1 Tippschein = 1 Aktion aus und haben die Chance Lotto-Millionär = 1 Million Euro zu werden! Beim LP-sammeln suchen Sie sich aus den Prospekten 1 LP-Einzelaktion aus, die Sie benötigen und haben die Chance LP-Millionär = 10.000 Euro zu werden. Das ist alles, ganz einfach – ODER?

Frage: Dann würde es doch jeder nutzen?

Antwort: NEIN denn egal aus welchen Gründen auch immer, jeder Mensch Denkt anders und das muss jeder akzeptieren, solange er anderen Menschen keinen Schaden zufügt. In diesem Ratgeber, geht es um eine 3 Alternative für Millionen Kunden anzubieten, die damit kein Problem haben!

Frage: Punkte sammeln ist keine neue Erfindung - ODER?

Antwort: NEIN Seit 2000 gibt es Payback und seit 2008 DeutschlandCard, sowie verschiedene andere Möglichkeiten zum Punkte sammeln. Der Nachteil, Sie können nur ganz allein Punkte sammeln. Bis heute konnten dadurch keine Arbeitsplätze gesichert oder soziale und wirtschaftliche Probleme reduziert werden!

Frage: Wer könnte LP anbieten?

Antwort: Jeder der bereit ist, eine Jahresgebühr dafür zu bezahlen und auf Produkte und Dienstleistungen, ab 4 LP = 4 CENT vergeben könnte, die registriert werden könnten für die automatische Verteilung auf der Webseite vom Anbieter der Dienstleistung, zum Beispiel Löwen Punkte GmbH – Deutschland.

Frage: Wer könnte LP sammeln?

Antwort: Alle Kunden, die arbeiten gehen oder Rentner sind, die mit Punkte sammeln kein Problem haben und dafür eine Jahresgebühr bezahlen würden.

Frage: Könnten Sie als Unternehmer ohne Mitarbeiter die an der Herstellung eines Autos arbeiten und ohne Kunden, die Taschengeld zum Auto kaufen haben, GELD verdienen oder Gewinne erzielen?

Antwort: NEIN, aber bis heute haben die Unternehmer noch nicht begriffen, dass jeder allein ein niemand ist! Millionen Menschen aus verschiedenen Ländern arbeiten an der Herstellung eines Autos! OHNE diese Menschen könnten keine Autos hergestellt und Millionen Gewinne erzielt werden!

Frage: Könnten Sie als MITARBEITER Lohn/Gehalt bekommen oder hätten Sie eine Arbeit, OHNE Unternehmer und Kunden die Produkte kaufen?

Antwort: NEIN, es gibt Millionen Menschen aus verschiedenen Ländern, die zum Beispiel an der Herstellung eines Autos arbeiten, jeder will einen sicheren Arbeitsplatz und am Monatsende sein Lohn/Gehalt haben. P.S. Millionen dieser Mitarbeiter ist es aber egal, ob Kunden die Autos kaufen oder nicht! Die begreifen nicht, OHNE Unternehmer hätten Sie keine Arbeit und OHNE Kunden die diese Autos kaufen kein Lohn/Gehalt!

Frage: Könnten Sie als KUNDE ohne Taschengeld ein Auto kaufen oder ohne Autohersteller mit Unternehmern und Mitarbeitern die dafür geschuftet haben ein Auto fahren?

Antwort: NEIN, wer diese Frage nicht selbst beantworten kann ist „DOOF"!

Frage: Was bedeutet für mich „Taschengeld"?

Antwort: Taschengeld ist das einzige Geld, wo jeder selber bestimmt, für welche Produkte und Dienstleistungen es verwendet wird. Ganz einfach – ODER?

Frage: Können soziale und wirtschaftlich Probleme durch schlechte Kommunikation verursacht werden?

Antwort: JA, sogar Firmenpleiten, Tote (Beispiel-Lebensmittelskandale) können durch Kommunikationsprobleme verursacht werden. Viele soziale und wirtschaftliche Probleme werden dadurch verursacht. Ich habe genügend eigene Erfahrungen damit machen müssen!

Frage: Warum fliehen Menschen aus Ihren Ländern?

Antwort: Schuld sind die Länder, wo aus Politischen Gründen und Machtgier Kriege durch Waffenlieferungen oder Militäreinsätze ausgelöst werden. Wer dafür verantwortlich ist, können Sie im TV und Medien verfolgen!

Frage: Was kann man bei der Ansicht von Prospekten mit Produkten feststellen?

Antwort: Wie aus jedem Prospekt „symbolisch" ein Lottoschein je nach Anbieter bis 10, 50, 100 bis 500 LP-Einzelaktionen gemacht werden könnten, wenn Sie die Verkaufsspanne betrachten, wie ich es in diesem Ratgeber beschrieben habe!

Frage: Sind Prospekte mit Produktangeboten klimafreundlich?

Antwort: NEIN, heute könnten diese für Millionen Smartphone- und PC-Benutzer „DIGITAL" angeboten werden und als Belohnung zum LP sammeln!

Frage: Sollte wegen Klimaschutz die Produktwerbung mit Prospekten abgeschafft werden?

Antwort: NEIN, denn Prospekte können in Zukunft „DIGITAL“ für Smartphone- und PC-Benutzer und als Belohnung zum LP sammeln angeboten werden. Irgendwann gibt es eine Generation die keine Papierprospekte mehr benötigt.

Frage: Wie kann aus einem Prospekt „symbolisch“ ein Lottoschein“ mit bis zu 500 LP – Einzelaktionen zur Auswahl gemacht werden?

Antwort: Durch den UVP-Preis und den Verkaufspreis = Handelsspanne, wie es viele Beispiele in den Prospekten gibt und in diesem Ratgeber erklärt wird.

Frage: Welchen Wert haben LP?

Antwort: 1 LP = 1 CENT, 10.000 LP = 100 Euro, 1.000.000 LP = 10.000 Euro!

Frage: Wie kann man LP-Millionär werden?

Antwort: Diesen Ratgeber in Ruhe lesen, wird alles erklärt!

Frage: Wie werden LP pro Aktion und Klasse/Ebene automatisch verteilt?

Antwort: Diesen Ratgeber in Ruhe lesen, wird alles erklärt!

Frage: Warum wäre diese „ALTERNATIVE“ in Zukunft für Millionen Menschen im Land „spannend – sozial – wirtschaftlich- klimafreundlich“?

Antwort: Logisch, wenn es eine Alternative zum LP sammeln geben würde, wo Sie DIGITAL Produkte aussuchen können und als Belohnung LP bekommen und davon LP automatisch und „anonym“ LP spenden und selber die Chance haben LP-Millionär zu werden! Ganz einfach – ODER? Ratgeber richtig und in Ruhe lesen!

Frage: Wäre das für Millionen Kunden eine „Motivation“ zum LP sammeln?

Antwort: Logisch, es gibt Millionen Menschen in Deutschland, die keine Probleme mit Punkte sammeln haben oder Lotto spielen. Millionen Menschen kaufen jeden Tag Produkte und nutzen Dienstleistungen!

Frage: Wurde Payback über diese Geschäftsidee informiert?

Antwort: JA, denn als 15jähriger Payback-Kunde, wäre es mein Wunsch gewesen, wenn Payback, seinen 30 Millionen Payback-Kunden in Zukunft eine 2. Alternative hätte anbieten können. 1. Entweder allein Punkte sammeln oder 2. Kunden helfen Kunden beim Punkte sammeln“. Die wollen MENSCHEN nicht helfen!

Frage: Woher kommt das Geld?

Antwort: Der LP-Anbieter zahlt denn LP-Wert = CENT Betrag nach der Aktion an die Dienstleistung. Hat die Dienstleistung den Betrag erhalten, dann werden die LP gutgeschrieben. Der LP-Wert = CENT Betrag wird von der Handels-bzw. Verkaufsspanne bezahlt.

Frage: Wann könnte ich meine LP auszahlen lassen?

Antwort: Merke, wenn Sie im Januar LP bekommen würden, dann zählen Sie 3 Monate dazu. Dann müssten diese gut geschrieben sein für die Auszahlung. Die Begründung dafür ist ganz einfach, es gibt verschiedene Aktionszeiträume, ob Kunden auf Rechnung kaufen oder ob jemand die Waren zurückgegeben hat. Jeder kann das auf der Webseite verfolgen.

Frage: Welche "persönlichen" positiven und negativen Erfahrungen (15 Jahre) wurden mit Payback-Punkte sammeln gemacht?

Antwort: Es wurden von mir in den 15 Jahren keine Probleme festgestellt. Es ist für alle die nur ganz allein Punkte sammeln wollen eine gute Idee. Aber für mich persönlich zu langweilig und bietet keine Motivation. Man kann nicht mithelfen Arbeitsplätze zu sichern oder soziale und wirtschaftliche Probleme zu reduzieren über die jeden Tag durch TV und andere Medien berichtet wird und sich selber nach 12 Monaten keine größeren Wünsche erfüllen!

Frage: Was bedeutet, viele Alternativen für die Zukunft anbieten?

Antwort: Seit 30 Jahren gibt es für Millionen Menschen, die berufstätig sind und jeden Tag einkaufen gehen, keine Alternativen, um mit helfen zu können Ihre Arbeitsplätze zu sichern und soziale und wirtschaftliche Probleme zu reduzieren. Dieser Ratgeber für die Zukunft zeigt eine Alternative für eine bessere Zukunft!

Frage: Wie soll das alles finanziert werden?

Antwort: Durch Jahresgebühren von LP-Anbietern und LP-Kunden! Vorher müssen Unternehmer die Millionen Gewinne durch den Verkauf erzielen, dafür sorgen, dass geeignete Fachexperten die Voraussetzungen für das Projekt so erstellen, wie ich es in diesem Ratgeber vorgeschlagen habe.

Frage: Könnte es unseriöse Anbieter geben?

Antwort: JA, es könnte Personen geben, die glauben damit das schnelle große Geld machen zu können. Deshalb lesen Sie diesen Ratgeber in Ruhe durch, dann wissen Sie wie Sie diese Personen erkennen können!

Frage: Welche Alternativen zum LP sammeln sollte es geben?

Antwort: Fachexperten sollten verschiedene Alternativen zum LP sammeln anbieten, wie Kreditkarten, normale Punktekarten, Smartphone, etc. die möglich sind und auf der Webseite die Anwendungsmöglichkeiten erklären.

Frage: Welche Alternativen zum LP auszahlen sollte es geben?

Antwort: Für die Auszahlung von LP, sollten alle Verfügbaren Alternativen die es bis heute gibt angeboten werden, egal ob auf Konto, Kreditkarten, etc.!

Frage: Wie sollen Interessenten davon erfahren, wie alles funktioniert?

Antwort: Für LP-Anbieter und LP-Kunden werden Einführungsvideos erstellt, wo viele Fragen durch Fachexperten und Animationen erklärt werden. Dass so etwas möglich ist zeigen viele Sendungen im TV, wo etwas durch gute Moderatoren und Animationen was erklärt wird. Deshalb in diesem Ratgeber, als Vorschläge für Fachexperten, die vielen Fragen & Antworten zur Auswahl.

Frage: Wie könnte eine Marktanalyse aussehen?

Antwort: Ich habe mir die Daten & Fakten auf der Webseite von Payback im Jahr 2018 angeschaut und mein Ergebnis von den Auszahlungen der Punkte von den Jahren 2016 (60 Euro), 2017 (80 Euro), 2018 (50 Euro)! Jeden Tag sammeln von 30 Millionen Payback-Kunden 4 Millionen an den Kassen in Deutschland Punkte. Ich hatte in 15 Jahren keinen Grund zum Jubeln, weil ich in 12 Monaten viele Punkte sammeln konnte. Das sind in 20 Tagen 80 Millionen Kunden die an den Kassen Punkte gesammelt haben und kein einziger ist dabei, der nach Hause kommt und einen Grund zum Jubeln hat, weil er Punkte-Millionär geworden ist! ALLEIN ist jeder ein NIEMAND! Jetzt stellen Sie sich einmal vor, im Monat könnten 80 Millionen Kunden LP sammeln, wie es in diesem Ratgeber beschrieben wurde! Jeden Tag könnte es bereits mehrere LP-Millionäre geben, weil es viele Durchgänge geben könnte. Wahnsinn wie viel LP-Kunden im Monat Jubeln könnten, wenn Sie nach Hause kommen und LP-Millionär geworden sind, wenn Sie diesen Ratgeber richtig gelesen und verstanden haben!

Frage: Hat "Dieter der coole Rentner" einen "persönlichen Wunsch"?

Antwort: JA, mein Traum wäre es noch erleben zu dürfen, 12 Monate lang LP zu sammeln, genauso wie ich es in diesem Ratgeber beschrieben habe, um folgendes fest zu stellen: Wie viel LP könnte man in 12 Monaten erreichen? Wie vielen LP-Kunden konnte im Monat und in 12 Monaten geholfen werden? Welchen sozialen und wirtschaftlichen Nutzen, konnten Millionen Menschen aus verschiedenen Ländern die im Land berufstätig sind gemeinsam erreichen?

Frage: Wenn 30 Millionen Payback-Kunden und 20 Millionen DeutschlandCard-Kunden diesen Ratgeber gelesen haben, die keine Probleme mit Punkte sammeln haben, was glauben Sie, wie viel würden in Zukunft davon weiter ganz allein Punkte sammeln oder wären bereit diese „spannende und soziale Alternative“ zu nutzen, wenn es dafür eine Dienstleistung in Zukunft geben würde?

Antwort: Da ich den Markt seit vielen Jahren beobachte und somit Hobby-Marketing-Erfahrungen habe, kenne ich natürlich die Antwort, aber die verrate ich Ihnen nicht. Begründung: Wenn man Payback und DeutschlandCard darüber informiert, wie einfach es jeden Tag viele Punkte-Millionäre geben könnte, aber keiner davon sich mit mir in Landshut darüber in Ruhe unterhalten wollte, können die in Zukunft vielleicht einmal begreifen lernen, wie wichtig Kunden mit Erfahrungen sind und OHNE Kunden ist man ALLEIN ein NIEMAND! Ich habe denen angekündigt, wenn die mir nicht helfen wollen, damit Millionen Menschen sich gegenseitig durch Punkte sammeln helfen könnten, dann veröffentliche ich meine Geschäftsidee „Kunden helfen Kunden beim Punkte sammeln“! Würden Sie noch ganz allein Punkte sammeln, wenn es in Zukunft meine Geschäftsidee geben würde, wo sich Millionen Menschen gegenseitig durch LP sammeln helfen könnten?

Frage: Warum wäre für mich das LP sammeln so spannend?

Antwort: 1 LP = 1 Cent! Das bedeutet, ich hätte es nicht für möglich gehalten, das sich nur durch Punkte sammeln, jeden Tag Millionen Menschen aus verschiedenen Ländern die berufstätig sind, sich selber gegenseitig und „anonym“ helfen könnten, nur wenn man bereit ist an maximal 3 Kunden die genauso Denken pro Aktion automatisch LP zu Spenden. Für mich hat das Punkte sammeln in der Praxis gezeigt, dass die ganzen Kundenkarten und Punktekarten, wo man nur ganz allein Punkte sammeln kann, für mich keine Motivation zum Sparen ist und nur einen geringen nutzen für die Wirtschaft bietet!

Die Wirtschaft ist das Herz eines Staates!

„Dieter der coole Rentner“

Veröffentlicht seine Geschäftsidee für eine bessere Zukunft

„**KUNDEN helfen KUNDEN beim PUNKTE sammeln**“

durch

Löwen-Punkte (LP)

Voraussetzung für alle:

Unternehmer, Mitarbeiter und Kunden
sind bereit zum
Lernen-Umdenken-Mitdenken
den
ALLEIN ist JEDER ein NIEMAND

Thema:

Kostenloser Lehrgang auf YouTube „Dieter der coole Rentner“

Die Wirtschaft ist das Herz eines Staates!

Kostenloser Lehrgang auf YouTube „Dieter der coole Rentner“

Wichtiger Hinweis:

Ich bin 66 Jahre und Rentner und deshalb wird es diesen Lehrgang nicht mehr lange geben! Wenn ich alle Videos lösche weiß ich noch nicht.

Dieser Lehrgang war zufällig entstanden, weil ich mal testen wollte, wie man meine Geschäftsidee per Video erklären könnte. Deshalb ist auch die Qualität schlecht. Ich habe die ersten Videos im Juli gemacht und die anderen im August.

Ein weiterer Grund war, ich hatte bereits Videos per USB-Stick an einige versendet, aber leider wollte mir trotzdem keiner helfen. Durch die Google-Suche fand ich einen Beitrag, dass man eine Geschäftsidee auch durch die Veröffentlichung mit einem Video schützen kann. Jeder sollte wissen, dass meine Geschäftsidee „Kunden helfen Kunden beim Punkte sammeln“ nur dann einen sozialen und wirtschaftlichen Nutzen für das Land bringen könnte, wenn alles so umgesetzt und angeboten wird, wie ich es mir persönlich vorstelle.

Ich werde diese Videos nicht mehr verändern oder verbessern, sondern irgendwann alle löschen. Es ist nur noch eine Zeitfrage bis diese nicht mehr zur Verfügung stehen. Es ist also zwecklos, wenn jemand darüber meckert, sinnlose Kommentare schreibt oder es logischerweise viel besser gemacht hätte, etc.! Mir ist es egal, denn ich hatte als Rentner nicht die finanziellen Mittel, um es von Fachexperten machen lassen zu können.

Da dieser Lehrgang über 5 Stunden geht, habe ich einen Vorschlag gemacht, wie man sich diese Videos einmal in Ruhe der Reihe nach anschauen könnte. Ob und wie jeder das macht muss natürlich jeder selber wissen.

Vielleicht funktioniert die Veröffentlichung des Ratgebers durch „bookmundo“, dann könnten andere Länder davon erfahren, die Unternehmer und Fachexperten haben die mit der Umsetzung von Ideen für eine bessere Zukunft schneller Denken können als in Deutschland.

In Zukunft wird es dann nur noch diesen Ratgeber geben, ob es diesen eines Tages auch als E-Book geben wird, weiß ich heute noch nicht.

Jeder muss selber entscheiden können, ob er für eine bessere Zukunft bereit ist zum Lernen-Umdenken-Mitdenken!

„KUNDEN helfen KUNDEN beim PUNKTE sammeln“

<table>
<tr><td>Info 1</td><td>Info 1 zum Lesen mit Kommentar</td></tr>
<tr><td>
</td><td>
</td></tr>
<tr><td>1. Tag</td><td>2. Tag</td></tr>
</table>

<table>
<tr><td>Info 2</td><td>Info 2 zum Lesen mit Kommentar</td></tr>
<tr><td>
</td><td>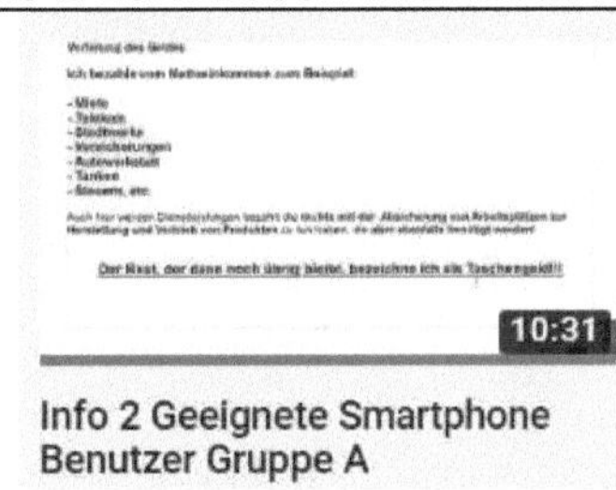
</td></tr>
<tr><td>3. Tag</td><td>4. Tag</td></tr>
</table>

<table>
<tr><td>Info 3</td><td>Info 3 - 1</td></tr>
<tr><td>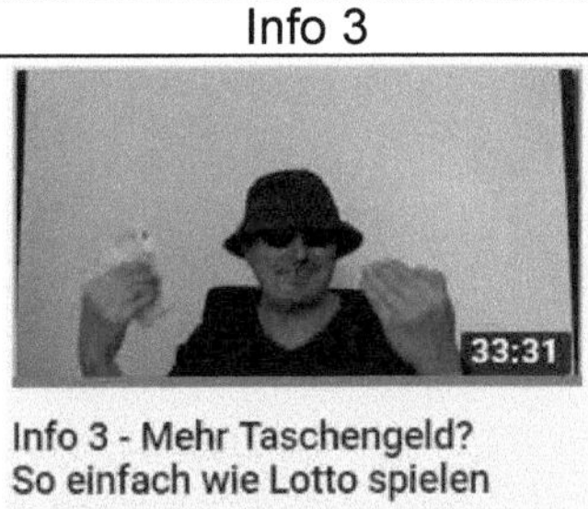
</td><td>
</td></tr>
<tr><td>5. Tag</td><td>6. Tag</td></tr>
</table>

Info 3 - 2	Info 3 zum Lesen mit Kommentar
 Info 3 - 2 So einfach wie Lotto spielen - Hinweise	 Info 3 Prospekt Angebote so einfach wie Lotto spielen
7. Tag	8. Tag

Info 4 zum Lesen mit Kommentar	Info 5 zum Lesen mit Kommentar
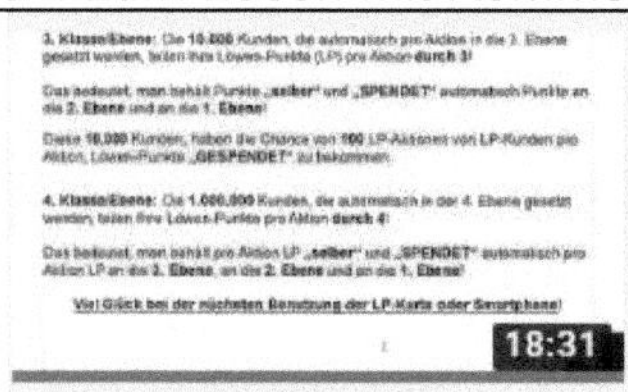 Info 4 Herzstück für die Verteilung von LP	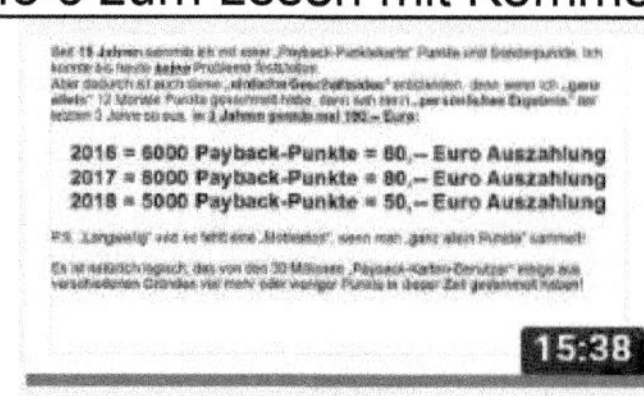 Info 5 Marktanalyse
9. Tag	10. Tag

Info 4	Info 6 zum Lesen mit Kommentar
 Info 4 Vorschläge für Dienstleistung und...	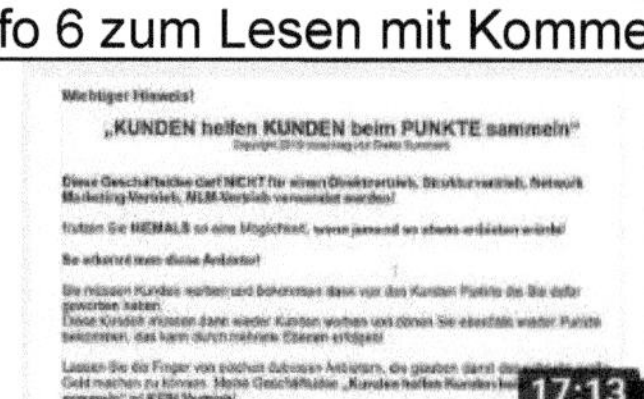 Info 6 Vorschlag für ein Finanzierungskonzept
11. Tag	12. Tag

Info 5	Info 7 Flyer zum weiter geben
	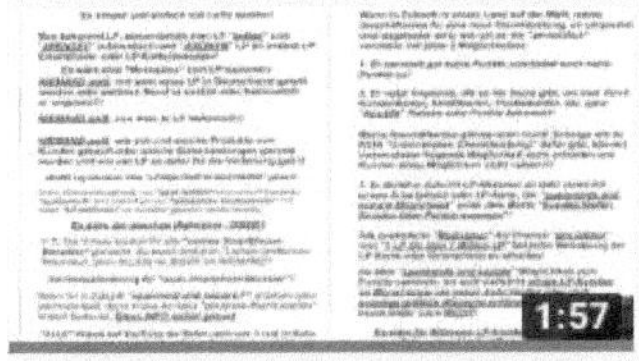
13. Tag	13. Tag

Monats - Info August 30.08.19	Monats - Info September 30.09.19

14. Tag	15. Tag

Danach könnt Ihr Euch auch die restlichen Videos anschauen. Ob ich auch 2020 noch welche hochladen werde, könnt Ihr am Datum sehen.

Mir ist es egal, ob und wer sich das anschauen will, denn es war für mich nur ein Testversuch. Das bedeutet, mir geht es nicht um irgendwelche Zahlen, wie viele diesen YouTube-Kanal besucht haben!

Profis hätten das viel besser gemacht, aber das konnte ich mir als Rentner nicht leisten. Irgendwann steht dieser YouTube – Kanal deshalb nicht mehr zur Verfügung. Ich habe mit 66 keine Lust mehr mich damit noch lange zu beschäftigen.

Ihr braucht Euch deshalb keine Mühe machen mir zum Lehrgang sinnlose Kommentare zu schreiben, es wäre für alle Zeitverschwendung, weil die mir egal sind! Jeder hat logischerweise eine andere Meinung!

Aber die WAHRHEIT ist, in den letzten 30 Jahren ist noch keiner auf so eine einfache Geschäftsidee „Kunden helfen Kunden beim Punkte sammeln“ gekommen, wo es jeden Tag viele Punkte-Millionäre geben könnte!

„Dieter der coole Rentner“

Veröffentlicht seine Geschäftsidee für eine bessere Zukunft

„KUNDEN helfen KUNDEN beim PUNKTE sammeln“

durch

Löwen-Punkte (LP)

Voraussetzung für alle:

Unternehmer, Mitarbeiter und Kunden
sind bereit zum
Lernen-Umdenken-Mitdenken
den
ALLEIN ist JEDER ein NIEMAND

Thema:

Schlusswort

Die Wirtschaft ist das Herz eines Staates!

Schlusswort

Jeder der diesen Ratgeber für eine bessere Zukunft gelesen und verstandan hat, müsste begriffen haben, warum ich **“Dieter der coole Rentner”** bin und mir diese Mühe gemacht habe diesen Ratgeber zu schreiben!

Wenn mir die Zukunft von Millionen Menschen egal wären, dann würde ich Euch diese Chance nicht geben, sondern meine Geschäftsidee “Kunden helfen Kunden beim Punkte sammeln” irgendwann mit ins Grab nehmen. Dann wäre ich logischerweise **“Dieter der böse Rentner”**!

Wenn Ihr die vielen Beispiele gelesen habt, **warum und wie Menschen die zur Gruppe B** im Land gehören Schaden anrichten, dann kennt Ihr meine Gründe, warum ich nie zu den Wahlen gegangen bin und auch keiner Religion angehöre. Ich habe etwas gegen Menschen, die in meinem Land und in anderen Ländern Schaden anrichten, über die jeden Tag in den Nachrichten berichtet wird. Egal ob es Deutsche oder Ausländer sind, Fachexperten, Politiker, Behörden, Unternehmer, Mitarbeiter oder Kunden! **JEDER ist ALLEIN ein NIEMAND!**

Meine persönliche Meinung, besteht schon so lange wie ich lebe darin:

“KEIN Mensch wird zum Verbrecher geboren”!

Ich habe Vorschläge in diesem Ratgeber für Millionen Menschen im Land, die zur Gruppe A gehören gemacht, wie und warum durch eine große Gemeinschaft in Zukunft Arbeitsplätze gesichert und soziale und wirtschaftliche Probleme reduziert werden könnten. Nicht durch sinnlose Diskussionen oder Verbrechen, sondern durch die Umsetzung neuer Ideen, für eine bessere Zukunft. **Ihr seit die Zukunft!**

Die Unternehmer (Löwen) in der TV-Sendung “Die Höhle der Löwen” haben begriffen, wenn man durch Mitarbeiter und Kunden Millionen verdient, wie man mit Gewinnen, wieder neue Arbeitsplätze schaffen kann bzw. könnte. Diese helfen Menschen die ein Unternehmen bereits gegründet haben, es groß zu machen. Die gaben mir die “Motivation”, mich mit dem Thema Punkte sammeln zu beschäftigen. Das Ergebnis konnten Sie in diesem Ratgeber lesen. Solange meine Geschäftsidee “Kunden helfen Kunden beim Punkte sammeln”, in keinem Land so umgesetzt und angeboten wird, wie ich es beschrieben habe, hat diese einen “NULL WERT”.

Ich werde den Markt solange ich kann im Hintergrund beobachen, ob und welche Menschen der Gruppe B über diesen Ratgeber sinnlos diskutieren werden, meckern oder sinnlose Kommentare geben um andere zu beeinflußen, damit es keine bessere Zukunft gibt. Logisch, das es Menschen gibt, die an der Verbrecherwirtschaft verdienen und nicht wollen das diese reduziert wird.

Es wird für mich Interessant sein, ob und wann die Menschen anfangen Ihren Verstand für eine bessere Zukunft zu nutzen, denn KEINER kann durch die Veröffentlichung dieses Ratgebers mehr sagen, es könnte keine Alternative geben.

WENN SIE ES WOLLEN?

Seit 50 Jahren ist kein Tag vergangen, wo nicht im TV und anderen Medien von Menschen berichtet wird, die Arbeitsplätze vernichten und soziale und wirtschaftliche Probleme, wegen Macht und Geldgier, sinnlosen Dikussionen, etc. Verursachen. Wenn Sie diesen Ratgeber für eine bessere Zukunft lesen, dann verfolgen Sie 1 Woche lang die Nachrichten im TV oder kaufen sich eine Tageszeitung. Dann haben Sie genügend Beispiele, welche Menschen in diesem Land soziale und wirtschaftliche Probleme verursachen. Welche Machtgierige Politiker, die von Steuergeldern bezahlt werden, in anderen Ländern durch Waffenlieferungen und Militäreinsätze Kriege verursachen und die Wirtschaft damit vernichten. NIEMAND hat das Recht, aus politischen Gründen oder anderen Glauben, im eigenen oder in einem anderen Land Menschen umzubringen oder sonstige Verbrechen zu begehen. Jeder der das mit verursacht, ist selber ein Verbrecher und begeht damit eine Straftat. Das ist meine Meinung.

P.S. Mein persönlicher Vorschlag an Sie, wenn Sie diesen Ratgeber in Zukunft zum Lernen-Umdenken-Mitdenken benutzen wollen:

Jedes Jahr wenn Sie Geburtstag haben, dann Denken Sie an diesen Ratgeber und lesen in noch mal in Ruhe durch. Danach verfolgen Sie 1 Monat lang die Nachrichten, Internet, Zeitschriften, etc. Ob und welche Menschen immer noch soziale und wirtschaftliche Probleme verursachen und ob und welche Menschen versuchen Probleme zu reduzieren. Dadurch können Sie jedes Jahr feststellen, ob sich etwas ändert, verbessert oder schlechter wird. Vielleicht vergehen wieder 30 Jahre, so wie ich es in diesem Ratgeber geschrieben habe oder ob es noch schlimmer geworden ist. Ich habe Ihnen an einigen Beispielen erklärt, wie man Lernen-Umdenken-Mitdenken kann, um in Zukunft gemeinsam soziale und wirtschaftliche Probleme zu reduzieren!

Wichtiger Hinweis: „Dieter der coole Rentner“ hat diesen Ratgeber für eine bessere Zukunft ganz allein zusammengestellt. Alle Informationen entstanden durch 66 Jahre eigene „persönliche“ negative und positive Erfahrungen im Berufsleben zu DDR-Zeiten und von 1990-2019. Sowie durch Benutzung der „Google-Suche“ und der täglichen negativen Berichte, durch TV und sonstige Medien, wie Menschen in Deutschland und in anderen Ländern soziale und wirtschaftliche Probleme aus verschiedenen Gründen verursachen. Vielleicht gibt es in Zukunft 1 Land, dem ich helfen konnte. Es ist für mich natürlich logisch, dass es Personen geben wird, die sagen „das hätte ich besser gemacht“, sinnlos darüber diskutieren oder nach Gründen und Ausreden suchen werden das es nicht geht, denn dafür haben wir in Deutschland viele angebliche Fachexperten und deshalb auch die vielen sozialen und wirtschaftlichen Probleme. **Ich habe es verstanden und IHR?**

Ich habe Euch einen Weg für eine bessere Zukunft gezeigt, es wird an Euch liegen, ob, wann und wie Ihr diesen Weg gehen wollt.

Eurer “Dieter der coole Rentner”!

Er zögerte zu lange